コンピュテーショナル・ファブリケーション

Computational Fabrication   *Design and Science of Origami and Tessellation*

「折る」「詰む」のデザインとサイエンス

田中浩也・舘 知宏   *Hiroya Tanaka / Tomohiro Tachi*

彰国社

この本の使い方

　本書は、主に大学1〜2年生の「教科書」あるいは「副読本」として読まれることを想定して執筆されています。幾何学や図学の授業が最適ですが、それ以外にも、デザインの授業、建築の授業、グラフィックス・プログラミングの授業、デジタル・ファブリケーションの授業、数理的な考え方を学ぶ教養的な科目でも、活用できるようになっています。大学で該当授業が開講されていなくても、ひとりで（マイペースに）自習することは、もちろん可能です。

＊

　さらにいえば、本書は、高校生や中学生、さらには小学生の読者にも開かれています。「音楽」や「スポーツ」が、何歳から始めても早すぎることがないのと似て、図的表現を通じて思考することは、年月をかければかけるほど、「センス」となって身体に蓄積していきます。難しい箇所はどんどん飛ばして構いませんので、まずは図を見て好奇心を感じ、手を動かして作ることを楽しんでみてください。

＊

　全体は「折る」「詰む」という2編で構成されており、それぞれ12と9の節で構成されています。身近な現象の観察や、実体験から生まれる「気づき（sense of wonder）」を大切にしたいという意図から、各節の巻頭には「演習」を設けています。ぜひ実際に手を動かして学んでみてください。15週の授業で1節ずつこなしていく場合には、何週か分が残ることになりますが、その分を最終課題の制作にあてることをお勧めします。

　　　　　　　　　　　＊

　「つむ」には「詰む」と「積む」の二つの同音異字があります。私た
ちが馴れ親しんできた遊びは「積み木」であり、最新の3Dプリンタが別
称「積層造形」と呼ばれているように、ものの上にものを置いていくこ
とは、一般的に「積む」です。しかし本書では、整合性をもって「ぴっ
たりと」置くための幾何学的な概念として、「充塡する (tessellation)」
を強調する意図があり、ニュアンスが近い「詰む」のほうを選択しまし
た。同じように、「おる」にも、「折る」以外に「織る」という同音異字
があります。「織る」については本書で触れていませんが、興味をもた
れたかたは、縦糸と横糸が「織られる」仕組みを是非調べてみてくださ
い。

　　　　　　　　　　　＊

　ひととおり本書で学び終えたあとにも、いつでも引き出して必要な箇
所を再確認できる、「長く使える一冊」となることも目指しました。な
お、「折る」「詰む」の2編から構成されていますが、この二つの幾何学
には何重にも深いつながりがあり、共通する内容、重複する内容が出て
きます。本書の最も高度な読み方は、節と節のあいだの見えない関係性
を読み解きながら、目次の順番をシャッフルし、あなたなりの再編集を
施してみることです。そして究極にはもちろん、あなたなりの新しい
「知識」をつけ加えることで、本全体を刷新して欲しいと思います。

目　次

前編　折る ——————————————————————— 16

ブックデザイン＝水野哲也(Watermark)

コンピュテーショナル・ファブリケーションが目指すもの

田中浩也×舘 知宏

設計と製造をセットに考える

田中 本書のタイトル『コンピュテーショナル・ファブリケーション』は、新しいキーワードですが、まずこれはどういう概念なのかという点から議論できたらと思います。

舘 日本語にすると「計算製造」。コンピュータで計算したデータをCNCやCAM、3Dプリンタで製造する「デジタル・ファブリケーション」は一般化していますが、僕らは三次元的な形を作る際に必要となる、幾何学の問題を取り上げて、それを計算の力を使って解きたいという意識から、この言葉を選んでいます。

田中 そうですね。いま世の中で行われているデジタル・ファブリケーションの多くは、従来の人間の認知のなかで3Dモデリングソフトを使ってデータを作り、それを物質化しているだけの段階にも見える。他方、コンピュータの計算の力を使って有機的な3Dデータを生成しようとする「アルゴリズミック・デザイン」という手法がありますが、その場合、ファブリケーション（製造）の工程のことを考慮に入れないで、形だけを自由にコンピュータの中で作ってしまうと、データからモノを出力しようとするときに、その生産システムがものすごく複雑なものになってしま

う。というわけで、はじめから、製造と設計をセットで問題定義し、コンピュータの力で解く、というやりかたに移行しないといけないわけです。そこで、どこから切り込んでいくかというときに、われわれが子どものころから親しんでいる折紙や積み（詰み）木こそを、設計と製造を計算によって結びつける際の基本単位として再解釈してみると面白いのではないか、ということになったのです。

舘　「折る」「詰む」を新しい発想を得るツールにしようということですね。ここでは材料の性質をいったん抽象化して、その幾何学的行為にフォーカスしています。そのため「つむ」は「詰む」と書き、一方向に積層することを超えて構成モジュールが立体的につながって矛盾なく空間を構成していく行為に一般化していますね。

「折る」「詰む」の創造性

舘　面を使うものづくりの方法としては、「折る」という動作が最もスマートだと思っています。曲げるとペロンと倒れてしまう薄い紙も、折ると強くなる。1960年代の建築に見られる折板構造のように、構造的にスマートであることは昔から知られていますね。

田中　舘さんと「可能世界空間論」という展覧会（ICC、2010年）でご一緒したころ、60年代に試みられていたスペースフレームのような幾何学的な手法は、現代の複雑な地形や都市構造には適用できないんじゃないかという議論をしました。当時の幾何学は、正多面体など規則的な形態が探求されていました。何もない砂漠や宇宙空間にはそれでいいのですが、現代のように複雑なコンテクストのある場所には純粋形態をポンと置くわけにはいかない。でもコンピュータを使えば、複雑な地形のコンテクストと幾何学の両方を扱って、整合させることができるだろうと。

舘　フリーフォームでありながら規則性があり、限定されたパー

子どものころから親しんでいる折紙や積み（詰み）木こそを、設計と製造を計算によって結びつける際の基本単位として再解釈してみると面白い。（田中）

7

ツで成立する簡単な仕組みですね。レゴブロックのようなパーツで組んでも成立するかもしれないけれど、形の表現は一様になってしまう。そこで複数のパーツを組み合わせたらどうなるかと発想するわけですが、あまりに複雑すぎても人間の手には負えない。でもコンピュータだったらできるはずだという話をしましたね。

田中　そう、当時の対話がこの本を作るきっかけにもなっています。また、「折る」「詰む」を、ファブリケーションとセットでとらえなおしてみると、新材料との組み合わせによる新たな展開が生まれつつあります。

舘　「折る」についていえば、セルフフォールディングというのが最近のテーマになっています。熱を加えたり、光を与えたりすることによって変形する材料を組み合わせることで自ら形を変えていく。生物が自分の細胞を複製するときの操作に近いものですが、新しいものの作り方として注目されています。

田中　私はいま「4Dプリンティング」という新しい領域を立ち上げようとしているのですが、そこでは、幾何学・材料・外部刺激（エネルギー）の三つの組み合わせから、形状の変形や状態変化を生み出す方法が多数編み出されています。このあたりが建築や都市空間のデザインを更新していく可能性は多いにあるはずです。

舘　「折る」「詰む」はとてもユニバーサルな行為で、モダニズム初期にもいろんな可能性が考えられていました。バウハウスでは、ヨゼフ・アルバース（Josef Albers）による折紙造形の教室でいろんなパターンが生み出されています。紙を折るというのはとても普遍的な行為ですからね。また、日本では木、ヨーロッパでは石を積んだり組んだりしてきたように、文化的な要素によってもバリエーションがある。

田中　工法はそれぞれの土地で採れる素材と結びついていますから、コンクリート建築以前は、幾何学・材料・外部刺激（エネルギー）の三つの組み合わせがローカルな社会の中で無数に試行錯誤されていたともいえます。その三つを編む回路が一度立ち消えてしまったわけですが、コンピュータが一般に普及したことで、

ヨゼフ・アルバースによる折紙造形の教育

石積み（徳島県名西郡神山町鬼籠野の農家）

デジタルな力を伴った新しい方法で、再びその視点が復活してく
るのは面白いところだと思います。

形が計算している

田中　3Dプリンタに対する間違った認識は、自由自在にどんな
複雑な3D形態でも作れるというものだと思います。3Dプリンタ
はたしかに複雑な形を作れる道具なのですが、実は複雑な3Dデ
ータをデザインするきちんとした道具がまだないんです。だから
大量生産時代とそれほど大差のない形しか、いまのところは生み
出せていない。いま最もチャレンジングなところ、ブレイクスル
ーが必要とされているところはそこですね。

舘　3Dモデリングソフトを使っていると、コントロールポイン
トをピュッと動かすだけで、NURBS曲面ができるじゃないです
か。こうしたツールを上回る想像力を獲得するのは難しい。でも、
新しいツールが出るとそれが創造のきっかけにもなる。ツールは
人間の創造の本質的なところにあるのだと思います。二次元の図
面を描くことで生まれる形もあれば、紙を折ることで自然に出て
くる形もある。小学生のときコンパスを使って図を描いてみたら、
いろんな花の模様が生まれたりしたじゃないですか。それは最初
から想像していたものではなく、道具で遊んでいるうちに勝手に

出てきた形ですよね。

田中　僕が大学に入ったころはT型定規を使っていたわけですが、その制約は二次元でしか考えられないことだといわれていました。だから、コンピュータを導入するときの最大のロジックは「直接三次元で考えよう」でした。でもいま振り返ってみると、たしかにコンピュータを使うことで三次元の形を描けるようになったけれど、実は、ソフトを操作しているとき、人間の脳はそんなに考えていないし、想像力も広がっていないんだと思うんです。紙の上で線を引いているときのほうが、その場で造形しながらルールや法則を探索していたのではないかと。

舘　そもそも、人間が三次元で考えるというのは、難しいことなのかもしれません。もちろん、最終的なイメージは三次元的に把握できるけれど、ものを作る段階においては、二次元に戻す操作をすることで、はじめて図的に考えられる。折紙の展開図や編み物の編み図も二次元ですが、記号化することで理解できることはありますね。

田中　ノーテーションの問題ですね。例えば折り方を人に伝達するとき、映像に撮って見せたからといって再現できるとは限りません。折る人が「折り」の基本的な仕組みを理解していないと真似できないんですよ。そういう意味で、折り図が「中間言語」になっているからこそ、成り立っている文化なのだと思います。

舘　そうですね。それは表現でありデザイン方法でもある。投影して切断面を求めるという従来の図法幾何学が役に立つ場合もあるけれど、現代のファブリケーションに応じた新しい表記を見出さなくてはならないのかもしれません。

田中　「折る」「詰む」をコンピューテーショナルに進化させるというのは、「どんな形態でも自由に作れますよ」といって放り投げるのではなく、むしろ基本となる幾何学の足場を作って、それをコンピュータの計算の力で徐々に広げていくことで、形の世界をまっとうに探索していくことだ、というのがポイントですね。

舘　そう、コンピューテーショナル・ファブリケーションは、どん

コンピューテーショナル・ファブリケーションは、どんな形でも自由に生み出すことを目的にしているわけではありません。（舘）

10

な形でも自由に生み出すことを目的にしているわけではありません。それを宣言することは、この本の大切なミッションですね。

田中　大学の教壇に立っていると、「計算」というと、多くの学生が数式を思い浮かべてしまう感じがあります。ただ、幾何学は形なので、形が計算しているんです。「形が計算をしている」というリテラシーがすごく大事だと思うのです。

舘　そう、図学教育が担うべき役割はその部分だと思っています。手描きで図面を作るという旧来の図学教育の側面は三次元CADで簡単に置き換えられました。しかし、図的表現を通してものを考えて把握し、伝達する。形を通してデザインしたり、自然現象を理解できるようにする基本能力はますます必要とされる教養だと思います。三次元CADを使ってその能力が上がるかというと……。

田中　ツールにもよりますが、普通は、微妙ですよね。

舘　そう、そこに意識的にならないと、普遍的な考え方をもってデザインすることはできません。基本となる幾何学に着目して、ものを考えたり作ったりできる力を身につけてほしい。それは大事なメッセージです。

デジタルとフィジカルなツールを作りながら探索する

田中　「幾何学」の大切さを再確認したうえで、他方「コンピュータ」を正しく接ぎ木して、技法を拡張・展開することができるかどうかが、現代の最大のテーマでしょう。私の母親は、毎日編み物をしているので、テレビを見たり会話をしながらでも意識することなく編み物ができていました。これはある種の人間コンピュータですが、そこで解いたルールはいまのところ、暗黙知にとどまってしまう。違う材料、違うスケール、違うジャンルのデザインへと展開していくためには、やはり一度抽象化を経る必要があります。そして、計算可能なものへと変換できれば、応用への道筋がぐっと広がる。

幾何学は形なので、形が計算しているんです。「形が計算をしている」というリテラシーがすごく大事だと思うのです。（田中）

舘　アウトプットするための「言語」が伴わないと到達できない領域がありますよね。

田中　ボトムアップ的に手で試行錯誤しながらルールを把握することは大事なんだけれど、把握できたら、今度はそれを記述して、あとはコンピュータにやらせたほうが得意なこともありますからね。

そういう意味で、レーザーカッターや3Dプリンタの出力が速くなり、デジタルな世界でのトライと、フィジカルな世界でのトライを瞬時に切り替えられるようになったのは、すごくいいことだと思うんです。コンピュータの中で検討していてわからなくなったら、実際にモノとして切り出して考えてみる。それで原理が理解できれば、またコンピュータに戻るというふうに、デジタルとフィジカルの両方から攻められるようになった。

舘　ありとあらゆるものが創造のツールになり得る。CADを創造のツールにしてもいいし、Mathematicaを使ってもいい。いままで設計の道具として知られていなかったソフトに有効な使い方があるかもしれない。そして、ツールはデジタルだけではありません。ガウディの逆さ吊り実験はつり合い形状探索を物理的に解きますし、石鹸膜で形を作れば膜構造やシェル構造で用いる極小曲面を計算することができます。フライ・オットー（Frei Otto）の美しい膜構造は石鹸膜に計算させてスタディをしています。スケッチしたり紙を折ったりするのも非常に古典的、普遍的な手法だからこそ応用できることもある。デジタル、アナログを問わず、いろんなツールが発想の原理になり得るんです。

田中　よいツールが見つかったら、それをとことんまで使い倒してみることが重要ですよね。1枚の紙、あるいは20種類のブロックだけでどこまで作れるのか。制約をバネに解いていくほうが、遠くまで行けると思うんです。有限の制約のなかでこそ、人間の創造性は自分の知らなかったところまで行ける。

舘　制限がないことが造形やアートを面白くするかというと、そうではありません。「折る」は古典的な手法ですが、1枚の紙で

デジタル、アナログを問わず、いろんなツールが発想の原理になり得るんです。（舘）

作るという制約があるからこそ、想像できない形が出てきます。もちろん、ものすごいアーティストは、独創性だけで突き抜けられるかもしれないけれど、制約があることによってはじめてクリエイティビティが発揮される。何もない三次元空間にイメージ通りのものを描けたとしても、それがドラフターやCADで描くものから脱却しているかというと、必ずしもそうではない。新しい道具や使い方を探っていかないと、新しいものは出てこないのではないかと思います。

田中　舘さんと僕の共通点は、自分でツールを作りながら探求を進めていることかもしれませんね。ツールを作る人と使う人に分かれていると、到達できない領域があると思うんです。

舘　そうですね。どこでどういう問題を解こうとしているのかが念頭にないと、どういう技術が必要なのか理解できませんからね。コンピューテーショナル・ファブリケーションの解き方はいくつもあり、解き方によって表現も変わります。すでに知られていた手法であっても、異なるコンテクストを適用することで、ジョークのような面白さが生まれることもある。あえて間違った使い方をして、そのずれというか、遊びの部分から面白いものが生み出される可能性もあると思います。ツールをハックすると言い換えてもよいかもしれません。こうした工夫を導き出すためには、いろんなツールを知り、基本的な理論を身につける必要がありますね。デザイナーが「こうしたい」とエンジニアに相談して解いてもらうのは簡単だけど、どう考えればその質問に自分で答えられるのかを学んでもらいたい。

田中　おっしゃる通り。質問して誰かに答えてもらうことを繰り返していては、知識は構造化されません。やはり手を動かしながら理解し、「体得する」ことは欠かせない。

サイエンスから領域を超えたデザインへ

舘　「折る」「詰む」という動作をコンピュテーショナルに進化さ

> 1枚の紙、あるいは20種類のブロックだけでどこまで作れるのか。制約をバネに解いていくほうが、遠くまで行けると思うんです。（田中）

せながら、ファブリケーションの幾何学にアプローチしようというのが、この本の趣旨です。各節の導入に課題を挿入しているのは、観察から理解を進めてもらいたいから。紙で何かを作ろうとしたときに、まず紙を観察しなくては先に進みません。幾何学的な視点でものを把握するサイエンスをすっ飛ばしてしまうと、ものを作るエンジニアリングまで到達できないと思うんです。

田中　作ったものをよく観るということでいえば、自分でものを作り始めてみると、世の中にすでにあるものが、どのように作られてきたのか、その工夫が、とてもよく観えるようになり、世界が豊かになります。そして、いろいろなものの共通項も見えてきます。寺田寅彦の「茶わんの湯」というエッセイがありますが、海水が蒸発して雲ができるメカニズムを理解できれば、茶わんから立つ湯気にもまったく同じ原理があることに気づいて、日々の生活に新たな視点が生まれる。まったく別々だと思っていたものが、そこでつながるわけです。

　「雲」と「茶わん」がつながる——これはサイエンスの視点ですが、デザインの視点に反転してみれば、いったん抽象化することを足場にできれば、領域を超えていくことができるという話になります。編み物の技法がスケールアップされて建築に展開したり、折紙が宇宙ステーションから血管手術のためのステントグラフトにまで応用されたりする。あるいは多面体の幾何学から、新しいお菓子が生まれてきたりする。大小さまざまなスケールを超えたデザインの世界が広がっていく。そういった実践はまさにここから生まれ出てくるはずです。コンピュテーショナル・ファブリケーションの真の価値はそこにある。実際、「『編む』の可能性」(162頁)で紹介した、ザハ・ハディド・アーキテクツ(Zaha Hadid Architects)の「編み物」構造体は、メキシコで活躍した構造家フェリックス・キャンデラ(Félix Candela)へのオマージュです。かつてキャンデラは、双曲放物面を組み合わせて、再利用可能なフレームを作りましたが、ザハらはフレームをさらにファブリックに置き換え、折りたたんでスーツケースで輸送できる

フェリックス・キャンデラ「クエルナバ
カのオープン・チャペル」1959年。建設
中の様子（出典：「ARQUITECTURA」
1959年10月号）

ようにまでしている。こういう過去からの継承と発展がものすご
く重要だと思うんですね。

舘　バックミンスター・フラー（Buckminster Fuller）もスケー
ルを超えて細胞から宇宙までのビジョンを持っていました。サイ
エンスの視点を持ったうえでコンピュテーショナル・ファブリケ
ーションに取り組むことで、ジャンルを超えたものづくりがどん
どん生まれるはずです。

田中　そろそろ対談も終わりですが、本書の重要なポイントはお
おむね出てきたように思います。まとめてみると、次のようなと
ころではないでしょうか。

---

1. 図的表現を通して思考する

2. デジタルとフィジカルを等価に行き来する

3. ツールをハックしながら探求する

4. サイエンスの視点を持って作る

5. ジャンルを横断して、新しいデザインを創造する

　これらを、われわれ二人からの［コンピュテーショナル・ファ
ブリケーション宣言］としておきたいと思います。

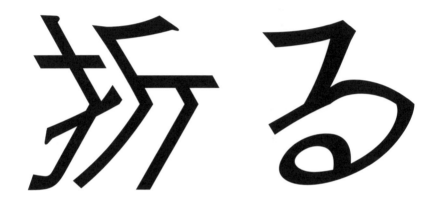

折る

紙や金属板、プラスチックシートのように薄く
かたい材料を効率よく使えば、少ない資源で
丈夫なものが作れます。たためばコンパクト
になるので、可動式のものや空間が作れます
し、折ることで構造がかたくなったりやわらかく
なったりします。「折り」によって支配される紙
の性質を理解すれば変幻自在なものを作りだ
すことができるようになります。

そこで、本編では「折る」ことの本質的な意味
を幾何学的に理解し、「折り」を体感的に扱
えることを目指します。「折り」からデザインや
ファブリケーションの可能性を探索しましょう。

舘知宏「三次元ウサギ（スタンフォードバニー）」2007年。ソフトウェア「Origamizer」によって生成した展開図を折っていく

折紙の幾何学

紙をクシャクシャにしよう

◉用意するもの：クッキングシート　1ロール

1. クッキングシートをロールのまま握り、一番外側のシートを軸方向に
   つぶして圧縮します。写真あるいは動画で撮影し、パターンをスケッ
   チしてください。
2. シートに力を加え、さまざまな方法でしわを寄せ、その観察・スケッ
   チをしてください。

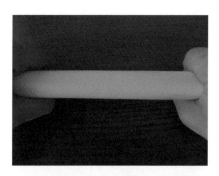

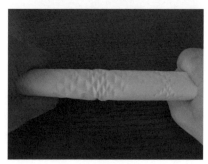

紙と座屈

　紙のように薄い素材は、引き伸ばしたり縮めたり（**面内変形**）するよりも曲げたり折ったり（**面外変形**）するほうが容易です。このような材料では形を保ったまま圧縮しようとしても不可能で、例えば下敷きの両端を押すと、全体が小さくはならず、「ペコッ」と面外にたわみます。このような非線形な挙動は**座屈**（buckling）と呼ばれます。紙のように極端に薄いと、「クシャクシャ」した折り目のパターンで座屈します。紙の作れる形は「折り」によって支配されているといえます。折紙の幾何学の世界を探索しましょう。

吉村パターン

　薄い板で円筒を作りこれを軸方向につぶすと、座屈現象によりダイヤモンドパターン（**吉村パターン**）が発生します（図1・2）。吉村パターンは半分にして横に寝かせれば折板構造のシェルになり（図3・4）、軽くて大規模な建築が作れます（前編「10 折板構造」参照）。壊れたものの形が、壊れないもののデザインに使える面白い例です。ちなみに、ある程度ストレッチしやすい厚みがある材料（例えばニットのセーターなど）では、座屈するときに折り目ができず、ストローのジャバラのような形に変形を起こします（**象足座屈**とも呼びます）。

　この三角形パターンの現象自体は古くから知られています。1890年に数学者のヘルマン・シュワルツ（Hermann Schwarz）が、三角形分割を細かくしてもなめらかな円柱を近似したものとはならない（具体的には縦方向に縮んでしまう）ということの例として紹介したことから、**シュワルツのランタン**と呼ばれます[1]。折紙の世界では、吉村慶丸による1950年代の航空工学研究から「吉村パターン」の名がついています[2]。

図1
円筒の圧縮による座屈

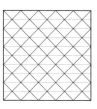

図2
吉村パターン展開図

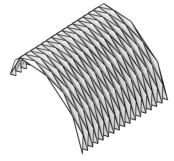

図3　吉村パターンを寝かせた折板構造　　　図4　吉村パターン完成形

ミウラ折り

　平面状の紙を全方位から均等に圧縮したときの座屈挙動を考えます(図5)。この問題に対する無数にある解のうちの一つが**ミウラ折り**(Miura-ori)です(図6)。ミウラ折りは合同な平行四辺形を繰り返した規則正しいパターンです。ワンアクションで展開・収納できる**展開構造物**(deployable structure)で、地図の折りたたみから、宇宙で展開する太陽光パネル、巨大なソーラーセイルにまで応用可能です(図7・8)。

　このパターンは1920年代バウハウスにおけるヨゼフ・アルバース(Josef Albers)による授業で扱われているほか[3]、さらにさかのぼると17世紀のナプキン折りにも見られ、時代と国を超えて使われてきたユニバーサルなパターンです。三浦公亮による1970年代からの研究が著名で、平行四辺形パターンが平面の座屈問題の解であることを見出し、また軽量構造、展開構造、地図の折りたたみなど、その後の折紙工学の重要な指針を示しています[4]。

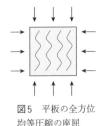

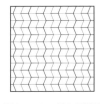

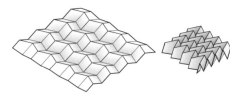

図5　平板の全方位　　　図6　ミウラ折り展開図　　　図7　ミウラ折りの変形の様子
　　均等圧縮の座屈

図8　ミウラ折り完成形

フラッシャー

　紙や布の中心に板を取り付けて回転させると、巻き取り方向に沿ったしわのパターンが生まれます（図9）。このパターンを整理して展開構造物に用いるアイディアは1960年以降さかんに研究されています[5]。折紙作品では、川崎敏和によるねじり折りの立体化や、ジェレミー・シェイファー（Jeremy Shafer）とクリス・パルマー（Chris Palmer）による**フラッシャー**という動く折紙作品群が作られています（図10~12）。

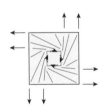

図9　平面の巻き取りによる座屈パターン

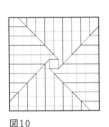

図10
フラッシャー展開図

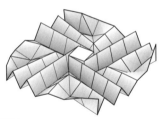

図11
フラッシャー折り状態（シミュレーション）

図12　フラッシャー完成形。収縮（左）と展開（右）

円筒ねじれパターン

　紙の筒を雑巾絞りのようにねじると、吉村パターンを傾けたようなパターンが発生して座屈を起こします（図13・14）。このパターンを用いた研究は1990年代よりさかんになり、サイモン・ゲスト（Simon Guest）とセルジオ・ペレグリーノ（Sergio Pellegrino）[6]、ビルタ・クレスリング（Biruta Kresling）、野島武敏[7]、布施知子[8]などの研究によってそのバリエーションや応用が提案されています。ポコッポコッと不連続に状態が移行して部分構造が段階的に折りたたまれていく性質があります（図15）。このような状態の遷移を**飛び移り**（snap through）と呼びます。

図13　円筒のねじれ座屈

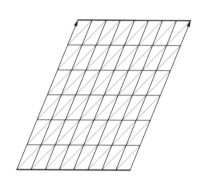

図14　円筒ねじれパターン
（左右の辺を合わせて筒状に糊付けする）

図15　円筒ねじれパターン完成形。たたんだ状態（左）と立体状態（右）のどちらかに瞬時に移行する

実際に折ろう

　ここまでにあげた基本的な折紙パターンは必ず実際に折ってみましょう！百見は一触にしかず。科学的な視点にもとづいて、実際に作って手で触ることで、曲面の形成、平坦折りの幾何学、折りたたみの機構、構造のかたさ・やわらかさ、ポアソン比（150頁参照）、不完全さなど、複雑な現象がたちどころにわかります。それぞれの性質はもちろん適切な計算ツールを使って解析することができますが、実際の材料は最も簡単に準備できて、精緻な「計算」をしてくれます。これを利用しない手はありません。一般にパターンを折るには、下記の手順がよいでしょう。

1. 折り線を印刷してボールペンなどでなぞります。
2. まずは、山谷を区別せずにすべての線に折り目が入るように折り筋をつけます。ミウラ折りのように鏡映対称なパターンの場合は、先に水平のジャバラを折って、重ねて斜めの線をいっぺんにつけてもよいかもしれません。
3. 折り線の山・谷を正しく直します。
4. 頂点の凸・凹を正しく直します。完成形の立体形状を見ながら凹凸を整えましょう。なお平坦に折ることができるモデルなら、頂点に集まる山折り線の数と谷折り線の数が、山＞谷であれば凸、谷＞山であれば凹となります。
5. すべての折り線の山・谷、頂点の凸・凹が正しくなったら幅方向につぶすように折りたたみます。

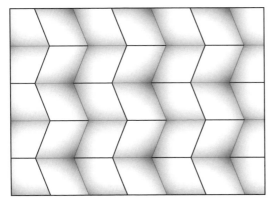

図16　ミウラ折り
展開図。太線は山折
り、細線は谷折り

註

[1] Schwarz, H. A., *Gesammelte Mathematische Abhandlungen*, Julius Springer, 1890, pp. 309-311.

[2] Yoshimura, Y. "On the mechanism of buckling of a circular cylindrical shell under axial compression," *National Advisory Committee For Aeronautics*, 1955.

[3] Wingler, H. M., *Bauhaus : Weimar, Dessau, Berlin, Chicago*, MIT Press, 1978.

[4] Miura, K., "Proposition of pseudo-cylindrical concave polyhedral shells," *IASS Symposium on Folded Plates and Prismatic Structures*, Wien, 1970.

[5] Guest, S.D., and Pellegrino, S., "Inextensional Wrapping of Flat Membranes," *First International Conference on Structural Morphology*, Montpellier, R. Motro and T. Wester, eds., 7-11 September 1992, pp. 203-215.

[6] Guest, S.D. and Pellegrino, S., "The Folding of Triangulated Cylinders, Part I : Geometric Considerations," *ASME Journal of Applied Mechanics*, 61, 1994, pp. 773-777.

[7] 野島武敏「平板と円筒の折りたたみ法の折紙によるモデル化」『日本機械学会論文集』66 (643)、1050－1056頁、2000年。

[8] Fuse, T. and Kuribayashi, K., "Twisting Origami Lamp," *5OSME*, 2010.

可展面と曲率

電球をアルミホイルで包もう

◉用意するもの：電球、アルミホイル

1. アルミホイルを直径5㎝の円に切り取ったものをいくつか作ります。
   このときしわが寄らないように気をつけます。

2. 円形に切り取ったアルミホイルを電球の
   表面のいろいろな部分になるべくしわが
   寄らないように張り付けます。しかし、
   どう頑張ってもしわが残ってしまうので、
   このしわがどこに現れるのかを観察しま
   しょう。

3. 電球の先端部と、くびれ
   部分で現れるしわの寄
   り方（分布と方向）をス
   ケッチしてみましょう。

4. アルミホイルのサイズを大きくして、しわの寄り方が変化することを
   確認してみましょう。

曲面の分類

　なめらかな[1]曲面上の点において曲がりぐあいを数学的に定義したものが**曲率**（curvature）です。曲面の曲率を考えるには、まず曲線の曲率を考える必要があります。平面上の曲線上にある点の近くを円弧で近似したときの、円弧の半径の逆数が曲率です。ある方向に凸なら負、凹なら正、まっすぐなら零で定義し、曲がりぐあいが大きくなると曲率の絶対値も大きくなります。

　さて曲面の曲率はある方向に沿って測ると凸（負）で、別の方向に沿って測ると凹（正）となるなど、測る方向によって変化します。この、方向によって変わる曲率を**法曲率**（normal curvature）と呼びます。法曲率は360°全方向に対して計測できますが、最大値および最小値（合わせて**主曲率**〈principal curvature〉と呼ぶ）を取る方向があり（二つの方向を合わせて**主曲率方向**と呼ぶ）、この2方向は直交します。

　この主曲率を使った最も重要な指標の一つが**ガウス曲率**（Gauss curvature）

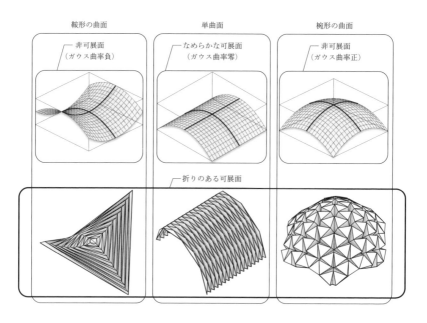

図1　曲面形状と可展面。折りを加えることで、鞍形や椀形の曲面が作れる

と呼ばれるものです[2]。ガウス曲率は二つの主曲率の積で定義されます。鞍形なら負になりますし、最大値、最小値の一方が0であれば、零となります。ガウス曲率の符号が正・零・負であるかによって、曲面のある点での曲がりぐあいを3分類できます(図1上)。

1. ガウス曲率が負：**鞍形**で、最も膨らんでいる方向に凸で直交方向には凹となります。電球のくびれの部分はガウス曲率が負です。
2. ガウス曲率が零：1方向に最も曲がっていてその直交方向にまっすぐな曲面です。**単曲面**とも呼ばれます。紙を曲げたときに現れる形は必ず単曲面となります。
3. ガウス曲率が正：**椀形**で、どの方向にも膨らんでいる(あるいはへこんでいる)曲面です。電球の先端部分はガウス曲率が正です。

平面上に置かれた紙は曲がっていないので単曲面に分類されますが、この紙をいかように曲げても、やはり作れるのは単曲面だけとなります。確認してみましょう。これはなぜでしょうか?

微分幾何学の教え

ガウス曲率は、曲面の空間での曲がりぐあいを示す指標でありながら、面を曲げることによって変化しない、という非常に面白い性質があります[3]。正確に言えば、伸び縮みしない材料で曲面を作って曲面を自由自在に曲げても変化しません。例えば、鞍形の材料は凸と凹の方向が入れ替わったとしても常に凸と凹が直交する鞍形が保たれますし、逆に言えばガウス曲率を変化させるためには「曲げ」だけでは不可能で「伸び縮み」が必要、ということになります。紙も同様に伸び縮みしないという性質があります。スタートの紙は平らでガウス曲率が零なのでどう曲げてもガウス曲率は零で、(曲げる方向を変えても)単曲面にしかならないのです。平面に伸び縮みせず作れる曲面は**可展面**(かてんめん)(developable surface)と呼びます。微分幾何学の世界では可展面は単曲面にしかならないため、可展面＝単曲面として、同じものとして扱うのです。

アリの幾何学

　さてガウス曲率のように、面が伸び縮みしないかぎり変化しない指標や性質を**内在的**(intrinsic)といいます。内在的な性質は、曲面を外から眺めなくても、面上の線の長さや角度を測るだけで知ることができます。つまり曲面上に住むアリがその曲面上を歩いて距離や角度を測ることで計測できるのです。例えばガウス曲率は曲面に沿う三角形の内角の和を使って表すことができます。平面上ではもちろん180°となりますが、例えば地球上では北極から赤道まで行き、同じ距離だけ赤道を東に動き、また北極まで戻るという経路で三角形を描けば、内角の和は$90° + 90° + 90° = 270°$となり、90°が余分になります。微分幾何学の最も重要な定理であるガウス・ボネ(Gauss-Bonnet)の定理によれば、この角度の余りを三角形の面積で割ったものが(平均の)ガウス曲率です。これによって、宇宙に行かなくても地球が丸い(正曲率である)ことを知ることができます。この原理を応用すると、三次元空間に住むわれわれも工夫すると宇宙の「曲がりぐあい」を測ることができます。

しわを寄せる

　さて25頁で試したように、アルミホイル(あるいは紙)を電球に押し当てればフィットさせることができます。アルミホイルも伸び縮みできないので可展面のはずです。可展面で椀形や鞍形は作れないはずで一見矛盾します。これは、どのように解釈すればよいでしょうか？　紙は引っ張っても伸びませんが、縮めようとするとしわを寄せながら座屈するというのが、前節の演習「紙をクシャクシャにしよう」で観察したことでした。つまり材料自体は伸び縮みしませんが、「しわ」を作ることで縮んだのと同じ効果を生むことができるのです。ガウス曲率が正の部分に押し当てたホイルの中心部はまっすぐなままですが、周辺部にしわが寄って、実質上縮んでいることが観察できます。一方ガウス曲率が負の曲面では、逆に中心部にしわが寄ります。

折りによるルールの回避

　紙で鞍形の面や椀形の面は作れないというのが微分幾何学の教えでした。ここに、微分のできない「折り」を用いたしわを導入することで、このルールの網をかいくぐり、鞍形や椀形を含む形状を包んでしまおう、というのが折紙の発想です。実際に、立体的な折りを紙に施すと、全体的には鞍形あるいは椀形であるような曲面が可展面で作れます（26頁、図1下）。なめらかな曲面では作れなかった形が、折りによって可能となるという性質が、折紙の造形の自由度を支えています。

人工的なしわ：折紙テセレーション

　微分のできない「折り」を導入することで、複曲面が作れるようになるというのが折紙造形の原理です。人工的にしわを作ることで、実質的に縮んだ紙を作り、それによってさまざまな曲面を作ることができるようになります。

　アーティストで科学者の**ロン・レッシュ**（Ron Resch）は、1960年代から70年代にかけて、数多くの折紙パターンを残しています[4]。このような、幾何学的繰り返しの折紙パターンは、現在では**折紙テセレーション**（origami tessellation）と呼ばれています。その一つが図2に挙げる三角形ベースのパターンです。このパターンは全体形状が、一方向を凸に曲げたときにその直交方向にも凸に反って、球面のようなドーム状の曲面を構成するのが特徴です。

　折紙作家の藤本修三による**なまこ折り**（waterbomb tessellation）[5]は、椀形にも鞍形にもなり平坦にたたまれます（図3）。

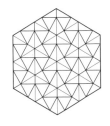

図2　レッシュによる三角形テセレーション折紙（レッシュパターン）。中間状態でドーム状に膨らみ、再度平面を構成する

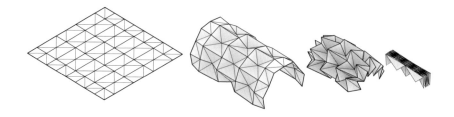

図3　藤本によるなまこ折り。曲率を自由に変え、平坦にたたまれる

註

[1] 正確にはその場所で2回微分可能ななめらかさ（G^2級）が必要です。

[2] もう一つ大事な指標に、曲率の最大値と最小値の平均があり、これは「平均曲率」と呼ばれます。後編「詰む」に登場する極小曲面（空気圧を受けていない石鹸膜の形状）は平均曲率が0です。

[3] ガウスの驚異の定理（theorema egregium）と呼ばれています。

[4] R. D. Resch, "Portfolio of Shaded Computer Images," *Proc. IEEE*, Vol. 62, No. 4, 1974, pp. 496-502.

[5] 藤本修三・西脇正巳『創造する折り紙遊びへの招待』朝日カルチャーセンター、1982年。

3

折紙テセレーションの
デザイン

折紙テセレーションを計算しよう

◉用意するもの：Windows環境のPC

1. 以下のサイトから、ソフトウェア「Freeform Origami」をダウンロードして、多角形メッシュを開きます。obj形式のファイルが扱えます。
   https://tsg.ne.jp/TT/software/#ffo

2. "Origamize"メニューを押します。面と面の間に折りのひだが挿入されます。初期状態ではひだのサイズが均一で、1枚の紙では折れませんが、ソフトウェアが瞬時に頂点位置を微調整し、1枚の紙から折れるようにひだの大きさを調整してくれます。

3. 折りひだの深さや初期形状によっては、計算が収束せず破綻してしまいます。"Undo"してもう一度試してみましょう。

4. 作った折紙形状は適当にドラッグして、自由変形させて微調整が可能です。また必要に応じて、幾何的な条件を加えることができます。

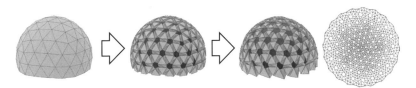

立体ひだの挿入　　　　　　　　　　　数値計算による折紙化

折紙設計

　パターンを折ると、立体的になることがわかりましたが、この逆の問題について考えてみます。すなわち、どのようなパターンを用意すれば作りたい立体形状が作れるでしょうか？　ここでは、折り線を折って試し、また別の折り線を試すという試行錯誤だけでは欲しい形に到達することはできません。欲しい形を先に与えて、そこから折り線パターンを導くという**逆問題**(inverse problem)を解く必要があります。このプロセスのことを**折紙設計**(origami design)と呼ぶことがあります。

　折紙設計のためのプラットフォームとして、舘知宏による「Freeform Origami」があります。Freeform Origamiは、折紙の幾何条件を満たして形状の探索ができる設計ソフトウェアです[1]。折紙パターンを入れて折りのシミュレーションをしたり、すでにある折り線パターンを自由変形させたりすることができます。機能の一つにテセレーションのデザインがあります。これは、任意の多面体を入力して、そこに折りひだのパターンを生成し、1枚の紙から折れるようにできます。

多角形メッシュ

　多角形メッシュ(polygon mesh)は小さな面をつなぎ合わせた立体形状の表現です。頂点(vertex)・辺(edge)・面(face)からなり、面と面の間に辺があり、その辺は二つの頂点と接続する、といった接続・隣接関係があります。このような関係を最もシンプルに表すには、頂点の三次元座標と、各面を構成する頂点の番号とからなるデータが必要です。この情報にもとづくファイル形式としてWavefront obj形式があります(右ファイル参照)。例えば、二

```
# 2枚の三角形でできた多角形メッシュ
# vertex list
v 0.0 0.0 0.0 # 頂点1
v 1.0 0.0 0.0 # 頂点2
v 1.0 1.0 0.0 # 頂点3
v 0.0 1.0 0.0 # 頂点4
# face list
f 1 2 4
f 2 3 4

# 2つのばらばらの三角形
# vertex list
v 0.0 0.0 0.0 # 頂点1
v 1.0 0.0 0.0 # 頂点2
v 0.0 1.0 0.0 # 頂点3
v 1.0 0.0 0.0 # 頂点4(2と同じ座標)
v 1.0 1.0 0.0 # 頂点5
v 0.0 1.0 0.0 # 頂点6(3と同じ座標)
# face list
f 1 2 3
f 4 5 6
```

図1 頂点リストと頂点インデックスで表された多角形リストからなる多面体メッシュデータ。左は二つの三角形がつながって多面体表面をなす。右側は二つの三角形が並んでいるだけ

つの三角形が接続したデータは、obj形式ではファイル上のようになります（図1左）。これは二つ三角形が並んでいるだけの状態（ファイル下、図1右）と区別します。後者から前者へ、面をつなぐ操作は、Rhinocerosなどの三次元モデリングソフトでは、weld（溶接）と呼ばれています。

　このように表される多面体メッシュは平面に「似ている」必要があります。数学の用語では、**向き付け可能**（orientable）な**多様体**（manifold）である必要があります。具体的には、

1. 面と面が辺で接続し、辺は2枚以下の面で共有されることが必要です。これは、どの部分を切り出しても平面に近い性質を持っているということです。数学的には二次元多様体（2-manifold）と呼ばれます（図2）。
2. 面の方向がつけられ、隣り合う面は同じ方向を向いていることが必要です。右手座標系では、反時計回りに頂点をたどれる向きを表として扱います。したがって辺で隣り合う二つの面の頂点の順番を見ると、共有する辺の頂点を互いに逆向きにたどることになります。このような性質を多様体が向き付け可能であると呼びます。メビウスの輪は向き付けできない多様体の例です。

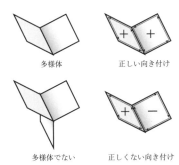

図2 面の構成による曲面の分類。多様体（上左）と多様体でない形（下左）、正しい向き付け（上右）と正しくない向き付け（下右）

折紙テセレーションの生成

　Freeform Origamiではテセレーションの幾何構造を、生成手順で考え整理しています[2]。まず、多角形のグリッドを入力とします。この辺をばらばらにします。このときに、完全にばらばらにするのではなく、片方の頂点がつながった状態にしています(図3上)。これを開いていくと、ある面は右回り、隣り合う面は左回りに回転しながら全体が大きく開いていきます。元のメッシュを白と黒で市松模様のように色分けした場合、白い面は左回転、黒い面は右回転をします[3]。その間に星形の折り線を入れていけばよいのです。なお、一般のメッシュでは、奇数本の辺が集まった頂点があり、2色で塗り分けられないので、面と面の間に面積のない「二角形」を挿入し、二角形を白、元からある多角形を黒、と色分けします(図3下)。

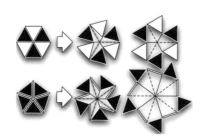

図3　角の位置で隣接する面がくっついたまま回転させる。面を2色に塗り分け、白は左回転、黒は右回転させる。すきま部分に星形の折紙を挿入する

　この方法をさまざまなタイルパターンに適用したものは、図4の通りです。挿入するひだの形は、単純な星形ではなく、てっぺんを切頂としたもの、ねじったものなど、さまざまな立体形状を使えます(図5)。この考え方を自由な多角形メッシュに適用すれば、面全体が人工的なしわでおおわれた形ができます。ただし、結果は必ずしも可展面にはならず1枚の紙からは作れません。可展性を評価して、可展形状になるように修正する、というプロセスが必要です。そのためには繰り返し計算が必要です。

可展性の評価

　多角形メッシュの形状は一般には1枚の形から作れませんが、ある条件を

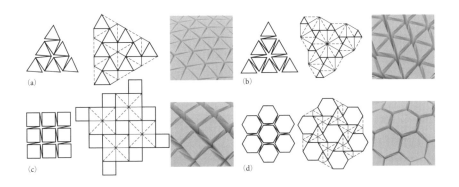

(a)　　　　　　　　　　　　　　　　　　(b)

(c)　　　　　　　　　　　　　　　　　　(d)

図4　タイルパターンへの適用例。(a)三角形グリッドを使ったもの。これはレッシュパターンとなる。(b)三角形グリッドに二角形エッジを加えたもの。(c)四角形グリッドに二角形エッジを加えたもの。(d)六角形グリッドに二角形エッジを加えたもの

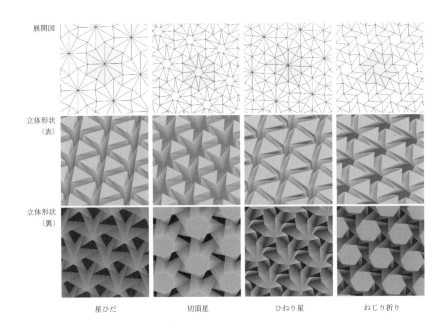

展開図

立体形状
（表）

立体形状
（裏）

星ひだ　　　　　　切頂星　　　　　　ひねり星　　　　　ねじり折り

図5　挿入するひだの立体形状バリエーション

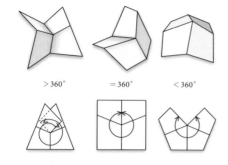

図6 可展な頂点の条件（左は角度
が余り、鞍形となる。中は可展。右
は角度が足りず、椀形となる）

満たすと1枚の紙に展開できます。この条件は、それぞれの頂点の周りで角
度を足したときに360°となる、という単純なルールで表されます（図6）。与
えた多角形メッシュが可展面かどうか、さらには可展面からどれだけ離れて
いるかは、頂点周りの角の和から360°を引いた値で評価できます。内部頂
点（紙の縁にある頂点を除いたもの）の数をV_{in}とすれば、各内部頂点
$v=1,...,V_{in}$ごとに$D_v=$（v周りの角度の和）$-360°$を評価します。

　ところでD_vは多面体メッシュ形状が変形すると変化するので、メッシュ
形状を表すパラメータの関数となっています。具体的には、V個頂点のある
多角形メッシュの形状バリエーションは、それぞれの頂点のxyz座標三つの
変数、合計で$3V$個の変数で表すことができます。これを使って、可展性は

$$D_v(x_1, y_1, z_1, ..., x_V, y_V, z_V) = （v周りの角度の和）-360°$$

という関数の形で表せます。座標値を変えると、この関数は異なる値に変化
し、$D_v=0$のとき、v番目の内部頂点は可展です。このような式がV_{in}個あっ
て、すべてを同時に0にする、という連立方程式を解く必要があります。こ
れは、手作業で調節するには難しいですが、コンピュータの得意分野です。

最適化

　複数の変数を同時に変化させて連立方程式を解くための解き方の一例として、
物理的なアナロジーで最適化問題を解く**動的緩和法**（dynamic relaxation）

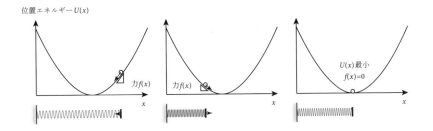

図7　バネの挙動。位置エネルギーの勾配を反転させたものが力

を紹介しましょう。まず例題として、自然長lのバネがあって、バネの端点の位置がxとなるときに、その端点に$f(x)=-k(x-l)$の力がかかる、というシステムがあったとします。kはバネの剛性でこの式はフックの法則です。ここに蓄えられる位置エネルギーは$U(x)=\dfrac{1}{2}k(x-l)^2$となります。このようなシステムのつり合いは、位置エネルギーを高さに置き換えれば「放物線形の谷底地形」を考えてその上を質点が滑るシステムで例えられます(図7)。ここで、斜面の傾き、つまり位置エネルギーの勾配の逆方向に力がかかります。これは式では、$f(x)=-\dfrac{dU(x)}{dx}$と表現できます。このようなバネから手を離すと、fに沿った方向に端点が動き、振動を繰り返したのち、やがてはUが最小となる位置$x=l$でつり合います。バネの力学シミュレーションをすると、最終的には$f(x)=0$という方程式を解いたことになります。

　m個のn変数の連立方程式$f_1(x_1,...,x_n)=0,...,f_m(x_1,...,x_n)=0$を解くためには、$f_i(x_1,...,x_n)$が力となるような仮想的なバネシステムを考えて、そのバネシステムがつり合いの位置に至るまで物理シミュレーションを走らせてやればよいことになります。これが動的緩和法です。

　さて、元の問題に戻って、

$$U(x_1,y_1,z_1,...,x_V,y_V,z_V)=\frac{1}{2}\sum_{v=1}^{Vin}D_v^2$$

という一つの位置エネルギーを考えて、このエネルギーを最小とすることを考えます。この関数は、すべてのvに対して$D_v=0$となるときのみ、$U=0$とな

って最小となります。つまり、このような位置エネルギーとなるようなバネのシステムが作れれば、そのバネがつり合う位置が正解となるわけです。実際にはv番目の頂点には$\vec{f_v} = -\left(\dfrac{\partial U}{\partial x_v},\ \dfrac{\partial U}{\partial y_v},\ \dfrac{\partial U}{\partial z_v}\right)$で計算した力をかけ、力の方向に頂点位置を動かす力学シミュレーションを走らせることで、やがては$U=0$の点で落ちつきます。実際にはより高速な計算手法を用いることができますが[4]、位置エネルギーを減らす勾配方向を考え、繰り返し計算で変数を修正していくという考え方は最適化の基本的なテクニックです。

バリエーション

　先ほどの式を見ると、変数が$3V$個で、条件式がV_{in}個のシステムで、変数の数が条件の数より圧倒的に多い連立方程式になることがわかります。このようなシステムでは、一つ解があれば、その近くには連続的に多次元の解空間が広がっているという状態になります。そこで、形状のバリエーションを探索し、さらに幾何条件を加えて、形状を探していくこともできます。図8は、豆形の多面体メッシュにテセレーションを施し可展化のあと、境界部分にz座標＝0の拘束を加えたものです。これによって、折り上がったあとに平面にフィットする曲面形状となります。

どんな形でも折ることができるか？

　いろいろな形状が折紙テセレーションの生成によって近似できることを紹介しました。でもこれは近似であって、100%与えた形にはなっていません。与えた立体形状とぴったり同じ形に作ることができるか？という問いは、自然な究極の問いです。答えはなんと「できる!」なのですが、それはこの先で詳しく考えていきたいと思います。

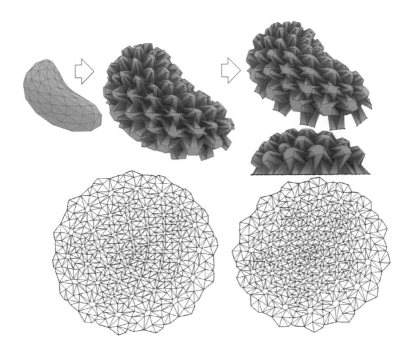

図8　曲面形状からの折紙テセレーション作成と、接地を幾何拘束とした形状変更

註

[1] Tachi, T., "Freeform Variations of Origami," *Proceedings of The 14th International Conference on Geometry and Graphics (ICGG 2010)*, Kyoto, Japan, August 5-9, 2010, pp. 273-274.

[2] Tachi, T., "Designing Freeform Origami Tessellations by Generalizing Resch's patterns," *Journal of mechanical design*, 135(11), 2013, 111006.

[3] すきまに星形の折り線を入れず、そのままスリットとしたものは、平面上で変形するタイルになります。このタイルは縦に潰すと横にも潰れる性質、すなわち負のポアソン比を持つ材料の性質を持ちます（後編「8 3D プリンティング」参照）。

[4] Freeform Origamiでは共役勾配法と呼ばれる、より高速な方法を用いています。

オリガミ・ファブリケーション

折り目を加工しよう

◉用意するもの：PC、厚紙、ポリプロピレンシート、
卓上カッティングプロッタ、レーザーカッター など

1. ミウラ折りや他の折りパターンの展開図をCADあるいはドローイングソフトで描きます。正確に描くために幾何拘束・スナップ機能を利用します。線が二重にならないように気をつけましょう。

2. 山折り線・谷折り線・カット線を別のレイヤーあるいは別の色にします。データをカッティングプロッタ制御ソフト用に書き出すか（dxf形式など）、印刷のインタフェースを用いるなど、機器によって異なる方法が求められます。

3. 加工機の使い方にしたがって、厚紙などのシートにパターンを施します。レイヤーあるいは色ごとにカットの深さや筋押しなどの設定を変えます。

4. 折り線加工ができたら、折り線に沿って折り筋をつけます。山・谷を正しくつけます。

5. 頂点の凸・凹を正しくつけます。頂点に集まる山折り線と谷折り線の数が、山＞谷であれば凸、谷＞山であれば凹となるように調整します。

6. すべての折り線の山・谷、頂点の凸・凹が正しくなったら紙全体をつぶすように折ります。

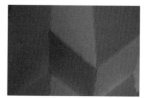

7. 折りやすさを考えて、ミシン目や押し罫線のパラメータなどを調整してみましょう。ミシン目なら、カットの長さと空白の長さを調整してみましょう。

平面加工

　設計した折り線パターンを実際に作るには、2軸の加工機でパターンを二次元に移す必要があります。カッティングプロッタは入力した線画データに沿ってカッターを制御し、加工をしてくれる機器で、最も手に入りやすいデジタル加工機です。線の調整方法としては、ツールの選択（カッター、罫線ツール、ボールペンなど）、カッターの刃の調整、圧力調整、速度調整などができます。

　二次元のカット加工ができる機器には、レーザー加工機もあります。ヘッド部分から強力なレーザー光（赤外線）を当てて材料を焼き加工するので、十分な出力とすると、焼き切ることができますし、パルスの頻度を減らすと細かい穴が並びます。出力と速度を変えることで切断の強さを制御できます。

折り目加工

　折紙でファブリケーションを行うには、折り目の部分を折り曲げやすいように加工する必要があります。代表的な加工方法を紹介します（図1）。

1. 押し罫線：罫引ローラーやペンの先端などを押し当てて紙に折り目をつけます。紙の裏に弾力性のある下敷きを用意して行います。谷折り側から押す必要があるので、山折り加工は裏側から行います。裏返したときに、位置が合うような工夫を考える必要があります。
2. ハーフカット：カッターの先を紙の厚さよりも少なく出すことで厚さの半分だけカットする方法です。山折り側から加工するため、谷折り加工は裏側から行う必要があります。
3. 溝切り：ハーフカットに近いですが、レーザーカッターなどで幅を持って焼き取れる場合は、山折りだけではなく谷折りを作ることもできます。
4. ミシン目：カットの長さと空白の長さの調整で折り目のやわらかさが調整でき、山折り／谷折りどちらにもなります。カッティングプロッタでは加工に時間がかかりますが、レーザー加工機では出力の周波数の調整でミシン目の効果を出すことができます（図2）。

5. スリットパターン：スリットパターンを交互に繰り返して七夕飾りのようなパターンを作ると、材料自体は小さい変形で全体としては大きく曲がるようにすることができます。材料の塑性変形、破壊が起きにくいため、かたい材料や厚みのある材料にも用いることができます。このように、材料が弾性変形範囲内で変形することで、回転などの大きな動きを作ることができる仕組みを**コンプライアント・メカニズム**（compliant mechanism）と呼びます。ブリガム・ヤング大学のラリー・ハウエル（Larry Howell）の研究グループでは、ラミナ・エマージェント・トージョナル（LET）ジョイントと呼んで研究をしています[1]。

　　押し罫線のみ、あるいはハーフカットのみで折り目を加工する場合、正しく山谷をつけるためには、裏と表から行う必要があります。そのときは、裏返したときの位置合わせの工夫が必要となります。加工機によってはそのような位置合わせができる仕組みを持っているものもありますが、簡易な加工方法では片側からのみ加工するのが楽です。押し罫線とハーフカットの組み合わせ、あるいは溝切りとハーフカットの組み合わせなどを用いれば、片側からだけでも山折りと谷折り両方を実現することができます。

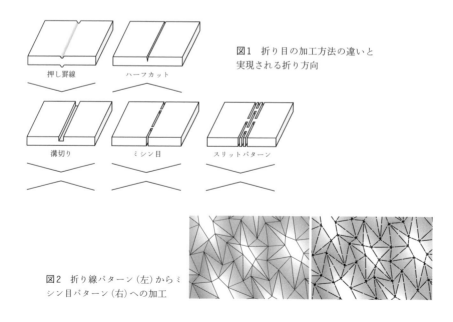

図1　折り目の加工方法の違いと
実現される折り方向

押し罫線　　ハーフカット

溝切り　　ミシン目　　スリットパターン

図2　折り線パターン（左）からミ
シン目パターン（右）への加工

パーソナル・ファブリケーション

　高出力の加工機を使えば、折紙は紙だけではなく、金属シートなど違う材料の折り加工に応用できます。あらかじめ設計した折り線に沿って、シート材にミシン目加工やハーフカット加工を施し、折り曲げによって形を作れば、型がなくてもさまざまな立体形状を作ることができます(図3)。多品種少量生産や、一品生産のために有効な方法です。

　最終的な三次元形状に関する情報の多くが折り線の情報(展開図)に含まれているので、一つひとつ異なる三次元形状が、パターンの違いとして得られます。個人的なニーズや趣味嗜好に適した日用品、空間を自分であるいはコラボレーションを通じて作るパーソナル・ファブリケーションと、折紙は相性がよいのです。

図3　Freeform Origamiで作成した折紙テセレーションの板金への適用[2]

註

[1] Jacobsen, J. O., Chen, G., Howell, L. L., and Magleby, S. P., "Lamina emergent torsional (LET) joint," *Mechanism and Machine Theory*, November 2009, pp. 2098-2109.

[2] 舘知宏「フリーフォーム・オリガミ」マテリアライジング展Ⅰ、2013年。

平坦折りの理論

1点で交わる折線をたたもう

◉用意するもの：コピー用紙、ボールペン、定規

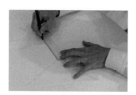

1. 紙に1点を描き、点から放射状に適当な本数、適当な角度で半直線をボールペンで引きます。

2. 引いた直線が山折りとなるようにつまむと、頂点が持ち上がって立体的になります。

3. この立体形状を平面になるようにつぶします。このとき点を通る新しい半直線の折り線がつきます。

4. 最終的にたたまれる折り線を、山折りは実線、谷折りは破線となるように描いてください。

5. 折り線の本数の関係はどうなっているでしょうか？ 以上の操作を違う本数でも試してみましょう。

平坦可折条件

　ミウラ折りや吉村パターン、なまこ折り、折り鶴の基本形は折っていくと完全に平らに折りたたむことができます。このような性質を持つ折紙を**平坦可折**（flat foldable）あるいは**平坦折り可能**と呼びます。平坦可折な折紙の折り線パターンには重要な特徴があります[1]。図1のパターンを見ながら、確認してみましょう。

1. 折り線は必ず直線となります。紙にカーブをけがいて折り線をつけると、立体的な造形ができます（曲線折り）が、これを平らにつぶそうとすると折り線は直線になってしまいます。
2. 折り線パターンは市松模様のように2色で塗り分けすることができます。これは、折り線が交わる頂点に集まる折り線の数が偶数となることも含意しています。
3. 1頂点に集まる山折り線と谷折り線の数の差は2となります（例えば山3谷1）。これを**前川定理**と呼びます[2]。
4. 山折りの数が多い点は飛び出ていて、谷折りの数が多い点は凹んでいます。
5. 1頂点の周りに集まる角を白と黒に塗り分けたとき、白の角度の和と黒の角度の和が等しくなります。これを**川崎定理**と呼びます[3]。

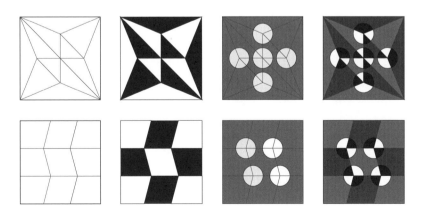

図1　折り鶴の基本形のパターン（上）。ミウラ折りのパターン（下）

鏡映反転

　1本の折り線で折って平らに重ねると、紙の片側はその折り線に関して、「鏡映反転」した位置にきます。この鏡映反転が平坦折りの基本で、ここから多くの性質が理解できます。鏡映反転は一度行うと裏返りますが、2回繰り返すとただの回転・並進を組み合わせた移動になります。奇数回で鏡の世界、偶数回で元の世界となるのです。

　平坦に折られた折紙では、折り線をまたぐたびに鏡の世界と元の世界を交互に行き来します。これが常に成立するためには、前頁で示した平坦可折の性質2の「2色で塗り分けできる」が必要です。さらに、鏡の世界で右回転すると、元の世界では左回転をします。平坦可折の性質5の川崎定理は、元の世界での回転と鏡の世界での回転が合わさって打ち消され、1周したときに元の位置に戻る、つまり紙が破れずにすむ、ということを表しています(図2)。

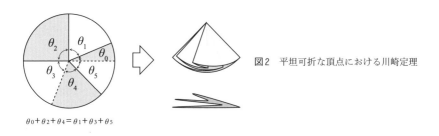

図2　平坦可折な頂点における川崎定理

$\theta_0 + \theta_2 + \theta_4 = \theta_1 + \theta_3 + \theta_5$

平坦可折条件と可展条件

　ある頂点の周りに集まる角度の計算で、平坦折りの性質がわかります。これは36頁で扱った可展な頂点の性質と似ています。可展条件と平坦可折条件を並べて表現すると下記のようになります。

1.可展条件：頂点周りの角度の和が360°となること。
2.平坦可折条件：頂点周りの角度を一つおきに足して等しくなること。

　可展かつ平坦可折であるような折紙は、平らな状態から立体状態に折り上げ、さらにそれを平らにたたむことができます。ミウラ折りはその例です。

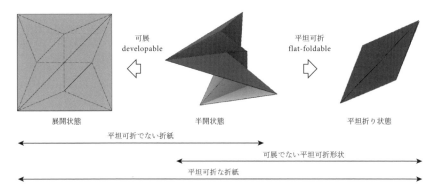

図3 展開状態と平坦折り状態

可展で平坦可折ではないものは、立体状態を作りますがそれ以上折りたためずブロックした状態になります。レッシュパターンはその例です（29頁参照）。この考え方を進展させると、可展ではないけれど平坦可折な形状というのも考えることができます（図3）。このようなものも折紙の拡張概念です。平坦折り状態の複数のシートが折り重なった状態を元の紙と思ってもよいでしょう。

註

[1] これらは、ある折り線パターンが平坦に折りたためるための十分条件にすぎません。前川定理と川崎定理に加え、重なった紙の重なり順が、互いに干渉を起こさないことが、必要十分条件となります。紙の重なりの条件は正しい組み合わせを計算する必要があり、一般的な折紙のパターンについては、複雑なパズルを解くのと同じくらい「難しい」問題（NP完全）であることが知られています。Bern and Hayes, "The Complexity of Flat Origami," *Seventh Symposium on Discrete Algorithms,* 1994, pp. 175-183.

[2] 前川淳作、笠原邦彦編著『ビバ！おりがみ』サンリオ、1983年。

[3] Kawasaki, T., "On the relation between mountain-creases and valley-creases of a flat origami," *Proceedings of the First International Meeting of Origami Science and Technology,* 1991.

## 6

折りの対称性

折って重ねよう

◉用意するもの：コピー用紙、フェルトペン、ボールペン

1. 紙にフェルトペンで三つの点を描きます。なるべく離してください。

2. これらの点のすべてが重なるように平らにたたんでみましょう。

3. たたんだ折り線をボールペンでなぞってみましょう。山折り谷折りを区別します。

4. 三つの点の位置を変えても保たれる折り線パターンの性質は何でしょうか？

5. 四つ以上の点でも試してみましょう。

点と点を重ねる

　2点（点A、B）を適当に描いて、これを重ねるように折ってみましょう。このように折れる1本の折り線は一つに定まります。鏡映反転の性質から、この折り線は線分ABの垂直二等分線です。垂直二等分線は、AとBから等距離にある点の集合なので、この折り線を境にAの支配領域とBの支配領域に平面を分割しています。Aの支配領域上の点からの最寄り点はA、B領域の最寄り点はBとなります。

　では、3点（点A、B、C）を重ねて1点に折るには、どうすればよいでしょうか？

　同様に3点の支配領域を考えましょう。三つの点から同心円拡大していき、この円がせめぎ合う部分を考えてみましょう。すると、AとBの境界にその垂直二等分線が現れ、同様にBとCの垂直二等分線、CとAの垂直二等分線が現れます。この3本の直線は1点で交わります。この点は何でしょうか？中学校の幾何学で習うおなじみの点です！　答えは、3点を通る円の中心、すなわち三角形の**外心**になります。三角形の外心に向かう垂直二等分線に沿って谷折りに折ると、すべての頂点が1点に集まります。なお、3本では折

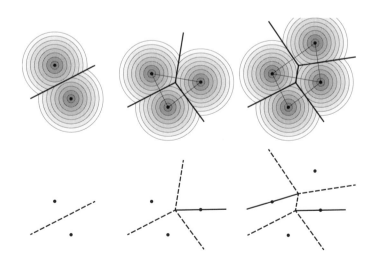

図1　ボロノイ図（上）と点と点を重ねる折り方（下）。左から2点、3点、4点の場合の作図

りたためないので、平らに折りたたむためには、1本だけ山折り線を加える必要があります。これは、前川定理から導かれます。この山折り線は、川崎定理から、A、B、Cいずれかの点を通ります。

さて、上記の「支配領域」と呼んでいる領域は、ボロノイ領域と呼ばれ、これを分割する図を**ボロノイ図**（Voronoi diagram）と呼びます。任意の複数の点（**母点**と呼びます）の配置に対して、求めることができます。ボロノイ図はそれぞれの点を囲む領域に分ける図です（後編「2 空間分割」参照）。ボロノイ図に沿って谷折り線の折り筋をつけて、折り線を加えながらそのまま平面にたたむと、すべての点が1点に集まったまま折りたたむことができます（図1）。これは次節「7 オリガマイザ」で使われるアイディアです。

直線と直線を重ねる

ボロノイ図の問題と対照的な問題があります。適当に描いた2直線を重ねるように折ります。すると、折り線は、角の二等分線に定まります。なお鈍角と鋭角どちらを選ぶかによって2種類あります。やはりこの折り線は二つの直線の支配領域を表す領域分割となっています。同様にして、3直線は重なるでしょうか？　三角形を描いて、これらの辺をすべて1直線上に重ねるにはどうしたらよいでしょうか？

三つの直線から等距離の直線（オフセット）を考えることで、領域分割を作ることができます。これは、直線AとBの角の二等分線、直線BとCの角の二等分線、直線CとAの角の二等分線で構成されて、1点で交わります。今度はこの1点は、**内心**になっています。ここをつまむように折ってたたむと三角形の辺が1直線に集まるのです。先ほどと同様に、前川定理から3直線では折り線が足りないので、平らにたたむためには山谷を反転させた折り線を1本足す必要があります。この1直線は川崎定理から、必ず三角形の1辺と直交します。

このような折りは、折紙の技法では「つまみ折り」と呼ばれています。外心のアイディアがボロノイ図に展開させて複数の点を重ねる折り方になったように、内心のアイディアを発展させて任意の多角形をつまみ折りすることができます。この拡張概念は、**直線骨格**（straight skeleton）と呼ばれてい

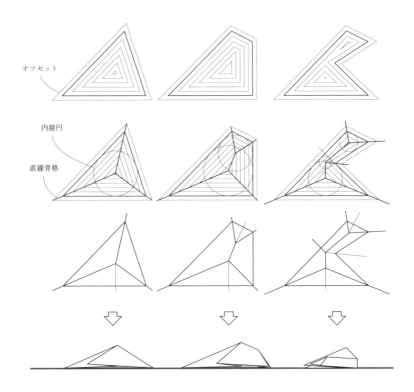

図2　多角形の輪郭を1直線に重ねる折り

　ます。多角形を等距離だけオフセットして縮ませていく変形操作を考えたと
き、その途中の各頂点の軌跡が直線骨格です。その性質から直線骨格を構成
する直線はすべて多角形のいずれかの2辺の角の二等分線になっています。
さて、この線に沿って多角形を折りたたむと、任意の多角形をその辺が1直
線上に載るように折りたためるのです（図2）。
　直線骨格に沿った折りは、**一刀切り**と呼ばれるマジックに使えます。紙を
折りたたんで、そこに1回直線状にはさみを入れて切ります。この形を広げ
るといろいろな形が現れるという芸です。一刀切りで、どんな形状（平面多
角形形状）も作ることができます。これは、与えた形状の直線骨格に沿って
紙を折りたたんで、すべての辺が重なった直線に沿ってはさみを入れればよ
いのです。直線骨格を用いた一刀切りの設計手法は、エリック・ドメイン
（Erik Demaine）らによって1999年に提案されました[1]。

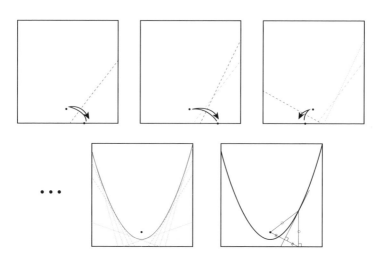

図3　点を線（用紙の縁）に重ねる折りを繰り返すことで、放物線が得られる

点と直線を重ねる

　最後に、点と直線を重ねるとどのようになるでしょうか？　これは有限個の折りには定まらず、重ねられる直線は無限にあります。実験してみましょう。紙の縁に近い位置に点を一つ描いて、用紙の縁に重ねるように折ってみましょう。この折り方は、紙の縁のどの部分を重ねるかによって無限に折り方がありますが、これを何度も繰り返していくと、これらの線の集合から曲線が現れます。この曲線は何でしょうか？

　この作図は、点と直線から同距離にある点の集合を求めていることにほかなりません。よって、作図された曲線は、直線を準線とし、点を焦点とした放物線となっています（図3）。

註

[1] Demaine, E. D., Demaine, M. L., and Lubiw, A., "Folding and cutting paper," *Japanese Conference on Discrete and Computational Geometry*, Springer, December 1998, pp. 104-118.

## 7

オリガマイザ

布を折ろう

◉用意するもの：布、糸、針、アイロン

1. 布に正方形を描き、その頂点を順番に結ぶように針で糸を通していきます。このとき、各頂点で織り糸をすくうようにして、糸がすべて同じ側にくるようにします。

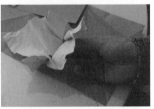

2. 糸を引っ張って頂点が1ヵ所に集まるようにします。

3. 布にしわが寄るので、なるべくきれいになるよう整えながら折りたたんで、アイロンをかけます。

4. 糸を外してパターンを観察してみてください。

オリガマイザ（Origamizer）

　折紙設計の究極の問題の一つは「任意の立体形状が1枚の紙から（切らず
に）折れるか?」というものです。例えば3Dスキャンした自由な形状を1枚
の折紙から作れないでしょうか?　入力した多角形メッシュから、その形状
を作るための展開図を自動的に作るシステムが舘知宏による**オリガマイザ**
（Origamizer）です[1]（図1・2）。エリック・ドメインと舘の共同研究により、
任意の多面体に対する解が存在することが証明されました[2]。図2のウサギ
のような複雑なものを計算するにはソフトウェアで自動化する必要がありま
すが、基本的な考え方は手作業でも理解可能です。Origamizerの仕組みを
理解すると、紙の立体形状を自由に制御できるようになります。

　Origamizerでは、下記のようなプロセスで折り線パターンを生成します。

1. まずターゲット形状の多面体メッシュを開きます。
2. 必要に応じて"Cut"を行います。"Cut"ツールでは用紙の縁を曲面のどこ
   に配置するかを調整することができます（図3）。
3. "Develop"ツールによって、面と面の間に折りのひだが挿入され、面が展開
   します。
4. "Angle Condition"をオンにすることで、折るために必要な角度条件が追
   加されます。

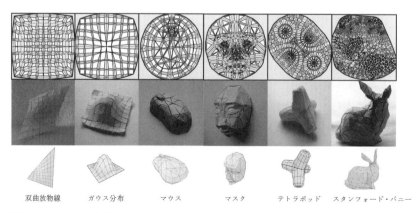

双曲放物線　　ガウス分布　　マウス　　マスク　　テトラポッド　スタンフォード・バニー

図1　Origamizerの作例

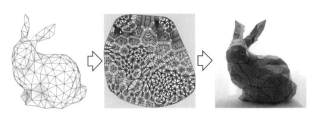

図2　Origamizerのプロセス。入力多角形メッシュから展開図を
作成し、その展開図を折れば入力と同じ形が作れる

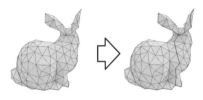

図3　"Cut"ツールによる、用紙の縁の位置の決定

図4　"Split Extrawide Tucks"ツールに
よる折りひだの分割

5. "Crease Pattern Generation"ツールで、ボロノイ図による折り線を作成
　します。

6. 展開図に緑色のひだがある場合は、幅が多すぎる状態です。"Split
　Extrawide Tucks"ツールで分割します（図4）。

7. 出来上がった展開図は、dxf形式で保存することができます。紙に折り紙
　加工して、折ってみましょう。

ひだを作る

　本編「2 可展面と曲率」では、曲面の性質を理解するのにガウス曲率で分
類しました。ここで紹介した立体形状は多面体なのでなめらかではありませ
んが、同様な分類ができます。一つの頂点を観察してこの周りに集まる内角
の合計を計算します。この値が360°ならば1枚の紙で作れる可展面、これ
が360°を超えると鞍形の曲面、360°を下回ると椀形の曲面となり、360°と
角度合計の差はガウス曲率の正負にそのまま対応しています（図5）。

　このような「可展でない頂点」も、足りない角度や余った角度を吸収する
ように紙にひだを加えると表面に見える形状の曲率を変化させることができ
ます（図5d）。一般には、必要な多面体全体を構成する面を一度ばらばらと平面

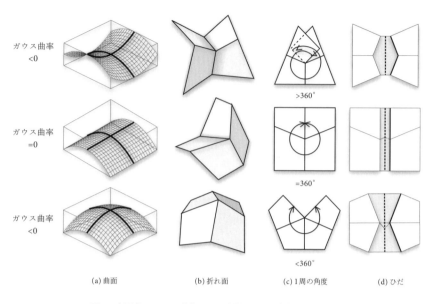

ガウス曲率
<0

ガウス曲率
=0

ガウス曲率
<0

>360°

=360°

<360°

(a) 曲面　　　　　　　(b) 折れ面　　　　　　(c) 1周の角度　　　　　(d) ひだ

図5　多面体のガウス曲率による分類とひだの挿入による可展化

図6　すきまにひだを挿入することで、ひとつながりの紙で折れる

に配置し、その間にひだ折りの領域を挿入します。もしひだ折り部分がぴった
りと隠れるように折ることができれば、元の多面体が現れるはずです(図6)。

「折って重ねる」を使う

さて、ここで重要なのは、ひだ部分がぴったりと折れてばらばらになった
面が再びつながることです。点を共有する複数の面を考えたとき、対応点が
再び1点に集まるようにするための折り線パターンを考えることが必要とな
ります。辺と辺が一致するひだ部分と、複数の頂点が1点に集まる部分があ
ることに注目しましょう。ここで48頁の演習「折って重ねよう」で用いた

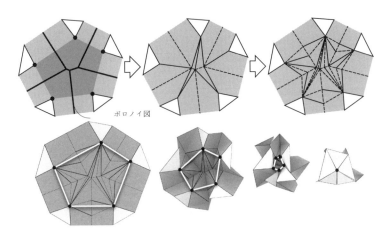

図7　複数の点を1点に集めるボロノイ図に沿った折りを用いて、多面体頂点を構成する

アイディアが使えます。まず、いくつもの頂点が1点に集まる部分は、配置した頂点にボロノイ図を基本とした折り線構造を用います。これによってひだ部分が後ろ側に隠れ、多面体の表面だけが残ります（図7）。

どのような問題を解いているか

　さて、点と点は一致することがわかりましたが、面と面の間をくっつけるためには、さらに辺と辺を一致させる必要があります。このためには、互いに鏡写しにする折り線が必要になります。そのような折り線は常にあるでしょうか？　残念ながら、任意の線分の配置に対しては、そのような折り線はありません。線分は直線の一部です。2線分を重ねるためには、2直線が重なっている必要がありますが、この折りで必ずしも線分の領域が重なっているとは限らないのです（図8）。

　そこで、線分が対称となるように全体の配置を整える必要があります。少ない数ならば手作業でもできるでしょう。Origamizerの内部では、面の座標のパラメータを変数とし、対称性を拘束とする連立方程式を構築し、Freeform Origami（31頁）と同様に数値計算を用いて解いています。さらに、折ったときに、ひだ部分が干渉しないか、角度が足りるか、といった不等式条件も判定しています。

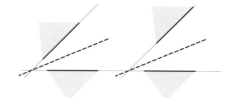

図8　対応する辺の対称性の条件

辺と辺が対称に折れる　　辺と辺を対称に折ることができない

ねじり折り

　ねじり折りは、多角形状の中心部から平行な折り線プリーツを風車状に施し、ねじるように折りたたむ折り方です（図9）。ねじり折り構造は、その対称性から平面を埋め尽くすことができます（図10）。ねじり折りの平面充填は、正方形グリッドだけではなく、さまざまな対称性を持ったグリッドに適用できます。より正確には、相反図を持つパターンに対して施すことができます[3]（例：ボロノイ図とドロネー図（図11）。後編「3立体トラス」参照）。

　四角形状のねじり折りの背面を見ると、4点が1点に集まっている点があります。これは、Origamizerの頂点と同じ構造です。Origamizerはねじり折りを多角形メッシュに一般化したものと考えることもできます。

布のねじり折り

　複数の点が1点に集まるという性質を直接使うと、布にねじり折りを作る

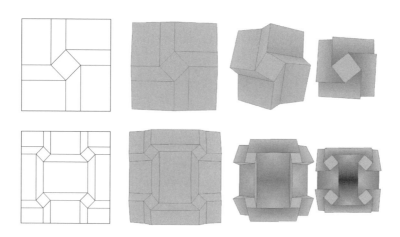

図9　ねじり折りの変形の様子

図10　ねじり折りの平面充填

 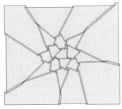

図11　ボロノイ図に沿ったねじり折り

ことができます。53頁の演習のように、1点に集めたい点を針ですくうように順番に糸でつないで、その糸を引っ張って無理やり1点に集めてしまいます。布のやわらかさによってしわができますが、このしわを整えるとねじり折りとまったく同じものが作れるのです。この技術を「（カナディアン）スモッキング」と呼びます。折紙作家のクリス・パルマー（Chris Palmer）による「ShadowFolds」は、ねじり折りにもとづく折紙テセレーションを布で作った作品です[4]。

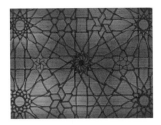

図12　クリス・K.パルマー「Zillij 4-6-12」uncut silk Shadowfold 2010

註

[1] OrigamizerはIPA未踏ソフトウェア創造事業（未踏ユース）2006年度下期の支援を受け「三次元折紙設計ツール」として舘が研究開発したソフトウェア。https://www.tsg.ne.jp/TT/software/ にて無償公開。

[2] Demaine, E. D. and Tachi, T., "Origamizer: A Practical Algorithm for Folding Any Polyhedron," *Proceedings of the 33rd International Symposium on Computational Geometry (SoCG 2017)*, Brisbane, Australia, July 4–7, 2017.

[3] Lang, R. J. and Bateman, A., "Every spider web has a simple flat twist tessellation," *5th International Meeting on Origami in Science, Mathematics and Education (5OSME)*, Vol. 13, Singapore, June 2011, pp. 455-473.

[4] Rutzky, J. and Palmer, C. K., *ShadowFolds: Surprisingly easy-to-make geometric designs in fabric*, New York, Kodansha International, 2011, p. 128.

## 8

剛体折紙

剛体折りシミュレーションをしよう

◉用意するもの：Windows環境のPC

1. ソフトウェアFreeform Origami（31頁）でobj形式またはfold形式の多角形メッシュファイルか、dxf形式の平面展開図ファイルを開きます。
2. 折り線に山・谷を正しくつけます。
3. "Simulation"モードとなっていることを確認します。
4. "Fold/Unfold"ツールを選ぶか、形状をドラッグすることで変形シミュレーションができます。

Freeform Origamiによる
なまこ折りの剛体折りシミ
ュレーション

剛体折紙モデル

　折りたためる折紙を巨大化し、折り線で囲まれた部分をかたいパネル、折り線をドアヒンジで実現すれば動く建築物が作れそうです。このように面と折り線をそれぞれ剛体パネルと回転ヒンジに置き換えた数理モデルを、**剛体折紙**（rigid origami）と呼びます。通常の紙が折りたたみ変形するときは、折り変形のみならず、材料の曲げや折り線の位置の微妙なずれによって、やわらかく動きます。一方、剛体折紙では「折り」のみが許されます。普通の紙を使うと一見折りたためそうでも、剛体折紙のモデルでは、正しく動かず、壊れてしまうことがあります。例えば、本編「1 折紙の幾何学」で紹介した円筒ねじれパターンは、折りたたんだ状態と筒の状態は作れますが、その間の変形中はパネルを剛に保てません。

　剛体折紙モデル上でも連続したメカニズムが作れるように保証された折紙は**剛体折り可能**（rigid-foldable）であるといいます。剛体折り可能な構造では全体の変形に対してひずみとそれに由来する応力がまったく発生しないので、材料のやわらかさに依存しない機構が作れます。必要な強度と厚さを持たせたパネルを利用できるので、大きいスケールの展開構造物や、折りたためる家具、自己変形するロボットなどへ応用可能です。

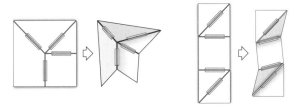

図1　4本の折り線が1点に集まるパラレル機構（左）と内部頂点のないシリアル機構（右）

メカニズム計算

　剛体折紙は、剛体パネルと関節となる折り線で作られる構造であるため、その形状はロボットのアームのように関節の回転角を変数として表すことができます。しかし、この機構は通常は図1右のような**シリアル機構**ではなく、内部頂点の周りで1周するループのある**パラレル機構**となります（図1左）。シ

リアル機構では関節の角度をすべて自由に選ぶと形が一つに定まりますが、パラレル機構では関節の角度は互いに拘束されて、自由に選べません。この拘束があることによって、折紙らしい動きが生まれます。すなわち、一部分を展開すると全体が連動して展開したり、たたんでいく過程で全体形状に曲率を持ったりする面白い機構となるのです。

　内部頂点周りの回転を拘束すると、空間中の三つの回転成分（ピッチ、ヨー、ロール）を拘束することになり、三つの拘束式（等式）が成り立ちます。これをすべての頂点について立式し、折り線の折り角を変数として問題を解く、連立方程式を考えます[1]。この連立方程式の解が不定となれば、機構が作れることになります。例えば、4本の折り線の集まる剛体折紙では変数が四つあり、また、頂点周りの回転を拘束するために、三つの拘束式があり、1自由度のメカニズムになります。

　多くの場合、方程式を解くとき、方程式を一つ解くたびに変数の数を一つずつ減らしていくことができるので、メカニズムになるためには方程式の数を変数の数より少なくするのが通常の剛体折紙における設計アプローチです。つまり、

$$折り線の数 - 3 \times 内部頂点数 > 0$$

とします。

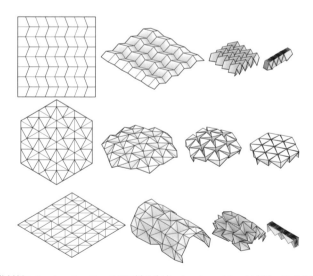

図2　剛体折紙シミュレーション。ミウラ折り（上）、レッシュパターン（中）、なまこ折り（下）

このようなメカニズムは、折り角の組を変数とし、内部頂点周りの拘束式の連立方程式を解くことで、把握することができます。連立方程式の解は一つには定まらず、連続した解空間があるので、この解をコンピュータで数値計算しながらたどっていくことで、剛体折紙のシミュレーションができます（図2）。

自由度

幾何拘束を解いたときに残る変数の数を**自由度**（degrees of freedom, DOF）と呼びます。つまり、折り線の角度を何ヵ所固定すると形状が固定されるかという値です。普通は、

自由度＝折り線の数－3×内部頂点数

となります。レッシュパターン（29頁）やなまこ折りのように、すべての面が三角形パネルであるような構造では、オイラーの多面体公式とあわせて計算すると、

自由度＝紙の縁にある折り線の数－3

となります。例えば、外周が六角形の折紙では、3自由度のメカニズムとなります。この構造のどこか3点を固定してしまうと、自由度がなくなり安定形状になります（図3）。

図3　六角形を三角形分割した折紙は、3自由度となる。三脚の3点を
ピン固定すると脚の間の三つの距離が定まり、全体形状が安定する

ミウラ折りの一般化

　ミウラ折りは1自由度の機構となることが知られています。剛体折紙の連立方程式の数から自由度を計算してみましょう。「折り線の数−3×内部頂点数」は1になるでしょうか？

　実は、ミウラ折りのように四角形でできた折紙は、方程式の数のほうが変数の数よりも多くなり、自由度はマイナスに計算されてしまいます。それにもかかわらずミウラ折りが折れる理由は、ミウラ折りが「普通でない」からにほかなりません。これは、なんらかの対称性によって、幾何拘束が縮退しているからです。このような縮退を使った機構を**過拘束メカニズム** (overconstrained mechanism) と呼びます。普通でない現象にこそ、大変面白い折紙の本質が隠れているものです。縮退が起きる十分条件について、次のことがわかっています[2] [3]。なお、必要十分条件は未解決問題です！

　四価頂点（頂点に4本の折り線が向かっている）の折紙は下記の幾何条件を満たすとき、剛体折り可能であり、さらに完全展開状態から、平坦な折りたたみ状態まで連続的に変形できます。

　1. 対角の和が180°
　2. 各面が平面
　3. 折り角が0°でない

　つまり、この関係に着目すると、折りたたみプロセスという動きの問題を形の問題に還元し、メカニズムを一般化することができます。1〜3の条件を満たすパターンはどのくらいあるでしょうか？　実は種類は無限にあって、そのバリエーションのパラメータも非常にたくさんあります（図4・5）。ソフトウェアFreeform Origamiを使って、可展条件と平坦可折条件を満たしながら、形状の頂点の位置を変化させていくことでこのようなバリエーションを探索できます。

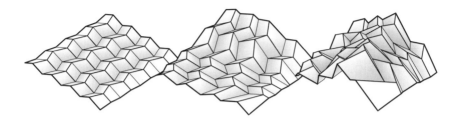

図4　剛体折り可能な折紙のバリエーション探索。パターンが変化している

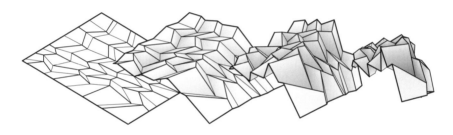

図5　剛体折り可能な折紙のバリエーションの変形メカニズム。
（パターンを変えずに）1自由度の変形をしている

註

[1] Tachi, T., "Simulation of Rigid Origami," *Origami 4*, 2009, pp. 175-187.

[2] Tachi, T., "Generalization of Rigid-Foldable Quadrilateral-Mesh Origami," *Journal of the International Association for Shell and Spatial Structures*, Vol.50, No.3, December 2009, pp. 173-179.

[3] Tachi, T., "Freeform Rigid-Foldable Structure using Bidirectionally Flat-Foldable Planar Quadrilateral Mesh," *Advances in Architectural Geometry 2010*, pp. 87-102.

## 9

厚みのある折紙

厚みのある板で、折紙を作ろう

◉用意するもの：スチレンボード、テープ、カッター、定規、カッターマット

1. スチレンボードを同じサイズの長方形に切り、テープで接続し屏風形を作ります。連続的に変形するかを確認しましょう。

2. 次に、平行四辺形に切ったスチレンボードでミウラ折りの頂点を作ってみましょう。閉じたときに正しく厚みを解決するにはどのようなパーツが必要でしょうか？

3. 作った形が本当に連続変形できるかを考えてみましょう。ボードが途中で押し戻される感じや、ポコッと飛び越えるような感触がある場合は、パネルが歪んでいる可能性があります。

厚みの処理方法

　剛体折紙を実際の材料で大きなものに応用するためには、厚みを処理する必要があります。最も単純な方法は、厚板の山折り線の側にヒンジを取り付けていく方法です。これを行うと回転軸が、厚みに応じてオフセットします（図1上）。これは、屏風のように内部頂点を持たない構造では問題なく折りたためますが、内部頂点を含む折紙構造ではそのままでは適用不可能です。なぜなら、軸をオフセットさせることで、一つの頂点において回転中心が1点を通らなくなってしまい、折紙のメカニズムが破綻するからです。

　剛体折紙の機構では、一つの頂点周りに三つの拘束式が立式されましたが、軸が1点を通らない回転ヒンジでループが構成される場合は、並進の拘束条件も考える必要が生じるため、全部で六つの拘束式が生まれます。ミウラ折りの頂点のように4本の折りが集まる部分は、特別な対称性がないかぎりは軸のオフセットで実現できません。

　そこで、汎用性が高い方法はヒンジの位置を同一平面上に配置してその機構を変化させずに、上下にパネルを配置して厚板化する方法です[1]。この方法では、厚み0の理想的な折紙構造の表裏にパネルを配置し、谷折り側の干渉を避けるためにパネルをオフセットさせボリュームを取り除きます（図1下・2）。なお、任意の折紙パターンに使えますが、折りたたみの角度限界とオフセット量はトレードオフの関係にあるので、180°には折りたためなくなるという制限に注意する必要があります。

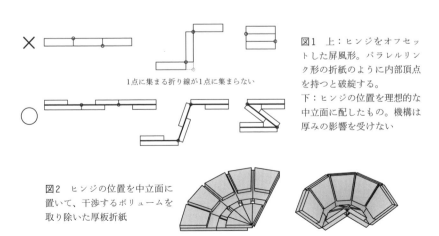

1点に集まる折り線が1点に集まらない

図1　上：ヒンジをオフセットした屏風形。パラレルリンク形の折紙のように内部頂点を持つと破綻する。
下：ヒンジの位置を理想的な中立面に配したもの。機構は厚みの影響を受けない

図2　ヒンジの位置を中立面に置いて、干渉するボリュームを取り除いた厚板折紙

厚板の折り線をオフセットする方法でも「特別な対称性」を用いてミウラ折りの頂点が作れることが知られています。チャック・ホバーマン（Chuck Hoberman）による方法では、鏡映対称な四価頂点が1種類の材料の組み合わせで作れます（図3）[2]。これを一般化したヤン・チェン（Yan Chen）らの手法では、向かい合い角度が足して180°となる四価頂点が2種類の厚みの組み合わせで作れます[3]。

図3　ヒンジオフセットによる剛体折り可能な厚板折紙

剛体折紙の応用

剛体折り可能な1自由度の機構を用いると、平坦な状態からワンタッチで立ち上げることのできる家具が作れます（図4）。剛体折り機構の過拘束性と半開状態の折りによるリブが構造強度を出しています。ヒンジの載る理想的な面を布で構成し、両側から軽量板を張り付けることで、布部分が自然なヒンジとなって、理想的な構造が作れます。表側の厚板、裏側の厚板をカッティングし、その間に布を挟む作業はすべて平面上で行うことができます。

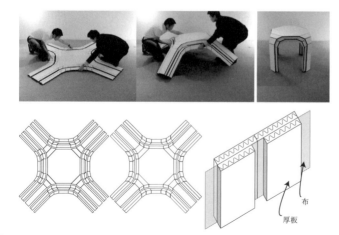

図4　表と裏のパネルを作成し間に布を挟んで作られる折りたたみテーブル

平坦折り可能な折紙は理想的には体積 0 の状態が作れるため、搬送時は小さく収納し使用時に大きく使う、展開構造物に向いています。もちろん材料の厚みの分だけの体積は必要となりますが、それでも非常にコンパクトになります。宇宙構造物や、仮設建築物などの大きいものから、エアバッグの折りたたみ収納、体内で広がり血管を補完するステントまで、スケールを超えて応用が見込まれます。図5は、形を変えながら使える仮設建築物の例です[4]。三角形をベースとしたなまこ折りを用いて、自由度を多くすることでいろいろな形に変形することができます。

 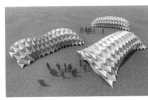

図5　折りたたみ、変形できる折紙の建築提案「やわらかな剛体」（岩元真明、舘知宏、増渕基による）

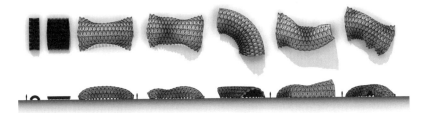

註

[1] Tachi, T., "Rigid-foldable thick origami," *Origami 5*, 2011, pp. 253-264.

[2] Hoberman, C. S., "Reversibly Expandable Three-Dimensional Structure," U.S. Patent No. 4,780, 344, 25 October 1988.

[3] Chen, Y., Rui P., and Zhong Y., "Origami of thick panels," *Science*, Vol. 349, Issue 6246, 2015, pp.396-400.

[4] Tachi, T., Masubuchi, M., and Iwamoto, M., "Rigid Origami Structures with Vacuumatics: Geometric Considerations," *Proc. the IASS-APCS Seoul*, Korea, 21–24 May 2012.

## 10

折板構造

折紙コアパネルを作ってみよう

◉用意するもの：ミウラ折り1枚、超厚手のラミネートシート2枚、アイロン

1. ミウラ折りの上にラミネートシートを載せます（パターンはミウラ折りでなくても、厚みのある平面を充塡する折紙なら他のものでも可）。

2. シートの上からアイロンをかけて、ラミネートシートの糊を溶かしてミウラ折りに固定します。

3. 反対側も同様に固定します。

4. 作った構造の両端を支持して曲げ実験をしてみましょう。どのくらいの強度を持つでしょうか？

過度なやわらかさ

　剛体折紙のモデルでは、ミウラ折りは1自由度のメカニズムになります。1自由度というのは幾何的にはどこかの折り線の二面角（折り角）を固定するとすべてが固定します。理想的には1カ所動かせば全体が連動して動き、思った通りの制御ができるはずです（図1上）。

　ところが、実際に紙を折って作ったミウラ折りは材料自体が曲がることで不均等な折りたたみやねじれを含んだ形状に容易に変形してしまいます（図1下）。大きなスケールでは形が崩れ、自重を支えることができないという剛性・強度の課題につながり、また機構としても展開収縮を駆動するためのアクチュエータ周辺で部分的な展開がおきてしまうという制御の課題があります。

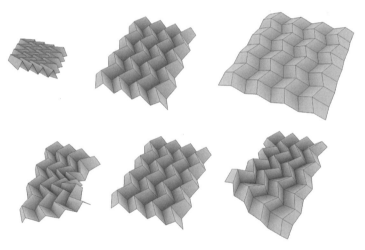

図1　理想的なミウラ折りの機構（上）と、曲げやねじりを伴う現実のミウラ折りの挙動（下）

折板構造の力学

　折紙の過度なやわらかさに対する一つの解決策は、面が曲がらないように十分に厚い板で作り、折り線をヒンジにすることでした。しかし厚みを解決できるからといって、厚みに頼ってパネルの曲げに抵抗して荷重を支えようと考えるのは、あまりよくありません。なぜなら、板材というのは基本的に

は伸び縮みには強くて曲げには弱いものだからです。板を折り曲げるのは簡単ですが、引きちぎるのは非常に大変です。曲がらない板を作るためには、過大な厚みが必要です。さらに、構造物全体が重くなり、荷重も大きくなるので、ますます厚みを増す必要が出てくるという悪循環になります。

　重力下の構造物ではスケールが10倍になれば、重量は1000倍になります。一方これを支える材料の断面は100倍にしかなりません。これを**二乗三乗則**（square-cube law）と呼びます。建築のように大きなものの設計ではこの二乗三乗則のせいで作れる形が限られます。ここでは、いかに少ない重量で大きな荷重を支えられるか、という形の合理性が重要なのです。そこで、面が曲げに対抗するのではなく、伸び縮みに耐えるようにして荷重を支えるのが理想的です。このような合理的な構造も折紙のアイディアで作られます。これを**折板構造**（folded plate structure）と呼びます。

折ると強くなる

　紙に折り目を作ってV字状の断面とすると、全体が曲がるためには紙の面が伸びたり縮んだりする必要が生じるので、かたくなります（剛性が増します）。これを用いて梁を作れば強くなります。ただ、実際にV字の紙の真ん中に荷重をかけると、望み通りの強度を得る前に縁が曲がって壊れてしまいます（図2）。同じ観察から上下を反転させると強度が反転することもわかります。紙の縁は、伸びることはできませんが、簡単に曲がることで、実質的に縮むことができます。一方で、折り線部分は伸ばすのも縮めるのも難しいのです（無理にやろうとするとクシャクシャとしわを寄せて壊れます）。

　つまり、面内変形のない理想的な紙に立体的に折られた直線の折り目が存在すると、折り目の付近は面が変形できません。一方、紙の端部は自由に曲面を構成できます。

　やわらかい端部を圧縮に強くするためには、ここに面をさらに加えて折線で囲んで閉じてしまえばよいのです。このように奥行き方向に折り線を繰り返していくと強くなり、さらに幅方向に折り線で反転させて、そのまま壁を作り、地面で閉じてしまうと、ほとんど紙の縁がなくなります。折り返しの繰り返し数を多くしたものは、吉村パターンになります（図3）。

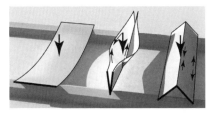

図2　折板の梁。薄い紙は曲げに対しやわらかい（左）が、折り目を作ると上が圧縮力、下が引張力を受け持ち、かたい構造となる。圧縮が折り目になる方向が強い（右）

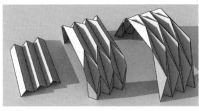

図3　折板を繰り返してアーチにすると吉村パターンになる

閉じてかたくする

　折った紙は紙の縁を固定することでかたくなりますが、単体では簡単にねじれてしまいます。ねじりに対しては閉じたチューブを作ることが効果的です。ミウラ折りの上と下に別の面材を張って立体的なサンドイッチ状にした**ゼータコア・サンドイッチ**パネルは（図4）、チューブがパッキングされた構造となっています[1]。このような構造は指示条件によらず単体でもかたい構造となり、軽くて大きな構造物を効率よく作るのに適しています。

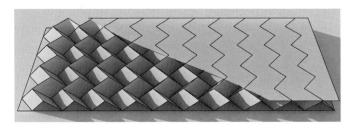

図4　ミウラ折りを2枚のシートで挟み込んだゼータコア・サンドイッチパネル

註

[1] Miura, K., "Zeta-Core Sandwich-Its Concept and Realization," *ISAS report/Institute of Space and Aeronautical Science, University of Tokyo*, Vol.37, No.6, 1972, p.137.

## 11

折紙のフイゴ

剛体折りチューブを作ろう

◉用意するもの：A4クラフト紙2枚（坪量120g/㎡以上）

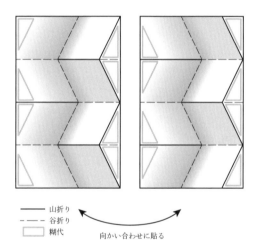

———	山折り
- - -	谷折り
▭	糊代

向かい合わせに貼る

1. 展開図の通りに折り、糊代部分を糊付けします。

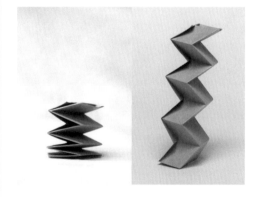

2. 出来上がったチューブが伸び縮みするかどうか、確認してみましょう。また、ねじってみるとどうなるでしょうか。

変形を保存して組み合わせる

　シートを組み合わせたサンドイッチ構造は内部に筒形の空間が構成されて軽くて強い形が作れます。ただし、一度面を貼ってしまうと、貼った面材が動きをブロックして変形することはできなくなります。つまり、折紙からは、やわらかい構造も作れるし、かたい構造も作れるのですが、これを同時に両立させるのは困難なのです。実は、この両立問題は剛体折り可能性に着目しながら、折紙の筒形構造を考えていくことで解けます。

　まずは剛体折りで軸方向に折りたためる筒形構造を考えます。これができると、折板構造の構成単位となるだけではなく、あるボリュームを囲む構造を折りたためるので、パッケージやケースなどのほか、ポータブルな建築物や宇宙構造物に使えます。また面を厚みのあるしっかりとしたパネルで構築できれば、建築なら重力に耐え、熱・音を遮断し、宇宙空間では気圧に耐え、放射線・デブリなどを遮断できるなど、応用の可能性が広がります。たたむことで空気を押し出せるフイゴ、中に油圧を加えることで伸張するアクチュエータなども考えられます。このようなものは作れるでしょうか?

筒形の難しさ

　まずこの問題に取りかかる手始めとして、普通のジャバラを見てみましょう。ジャバラの折りプロセスをよく見ると、角の部分で折り線が崩れ、あるいは材料が変形しているのがわかります(図1)。折りたたむ過程で折り線パターンが崩れて材料変形が起きます。これでは、きちんとしたメカニズムにはなっていません。つまり剛体折りができていません。

　本編「1 折紙の幾何学」で紹介した円筒ねじれパターンはどうでしょうか? 吉村パターンをらせん状につなげたような形で、ねじりながら折りたためる構造です。しかし、これらの構造もよく観察すると剛体折り可能ではありません。つまり変形途中に紙を曲げたりねじったりする無理な部分が生じます。中間状態では面にストレスがかかっており、たたんだ状態か完全な立体状態のどちらかに「ポコッ」と移行しストレスを解消します。このような飛び移り現象は(22頁参照)、目的によっては工学的に有用な性質ですが、構造的

にはやわらかくならざるを得ません。かたいけれど変形できることの両立のためには変形過程のどのポジションでも構造体にストレスがかからない筒形構造を考える必要があります。

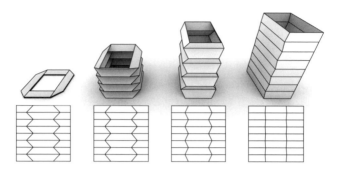

図1　通常のジャバラの折りプロセス。折り線がずれる折り動作が発生する

フイゴが作れるか

　このような問題に関連して、数学的には**フイゴ定理**（bellows theorem）という定理が知られています[1]。それによれば、閉じた多面体で剛体折紙構造を作るとその体積を変化させる連続的な動きは作れません。これを念頭に置くなら、端部にふたができる通常のジャバラはダメということになります。筒形で唯一閉じていない端部が変形しながら全体が変化する構造が重要です。

　剛体折り可能な筒形構造は次のようにして作れます[2]。まず、ミウラ折りの4面だけ切り出して鏡の上に置きます（図2）。ここでこのユニットは、折り変形のどの段階においても、端部が鏡面上にあります。こうすると鏡像と合わせて作った筒形構造は、折り変形してもすきまができないはずです。

　さらに、この単位を奥行き方向に繰り返すと、長さを増して伸び縮みする

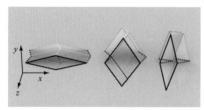

図2　ミウラ折りの1ユニット（4枚の四角形）を鏡面上に置くと筒のユニットができる

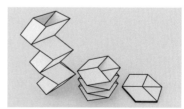

図3　剛体折り可能な筒形構造

筒形構造になります(図3)。この筒形構造は、1枚の紙ではなくて2枚の紙を貼り合わせて出来上がっています。端部の変形が全体変形の鍵になっていることが読み取れます。

筒形構造の拡張

　折り変形の途中で失われない対称性という考えを敷衍させると、さらにデザインバリエーションが作れます。図4は舘知宏と三浦公亮によって設計された剛体折り可能な筒形構造**タチ・ミウラ多面体**(Tachi-Miura polyhedron)です[3][4]。これらの立体はどこか1カ所を変形させればすべてが動き、あるいは固定すればすべてが固定される構造、すなわち自由度が1の構造となっています。これは、基本ユニットとなっているミウラ折りが1自由度構造であり、それらを矛盾なくつなぎ合わせているからです。1自由度であることは展開のコントロールの容易さ、固定したときの頑健さがあります。

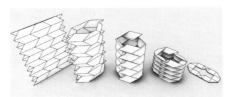 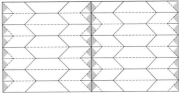

図4　舘と三浦による剛体折り可能な筒形構造。剛体折り動作(左)と展開図(右)

註

[1] Connelly, R., Sabitov, I. and Walz, A., "The bellows conjecture," *Beiträge zur Algebra und Geometrie / Contributions to Algebra and Geometry*, Vol. 38, Issue 1, 1997.

[2] Tachi, T., "One-DOF Cylindrical Deployable Structures with Rigid Quadrilateral Panels," *Proceedings of the IASS Symposium 2009*, pp. 2295-2306.

[3] Miura, K. and Tachi, T., "Synthesis of Rigid-Foldable Cylindrical Polyhedra," *Journal of the ISIS-Symmetry, Special Issues for the Festival-Congress Gmuend*, Austria, 2010, pp. 204-213.

[4] Tachi, T. and Miura, K., "Rigid-Foldable Cylinders and Cells," *Journal of the International Association for Shell and Spatial Structures*, Vol.53, No.4, 2012, pp. 217-226.

## 12

折紙メタマテリアル

剛体折りチューブを組み合わせよう

◉用意するもの：剛体折り可能な折紙チューブを複数

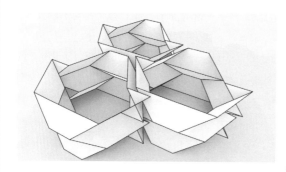

1.剛体折りチューブ（74・77頁参照）を組み合わせてすきまなく空間充填をするか確かめてみてください。

2.筒形構造を糊付けし、糊付けした状態でも変形するか確認しましょう。

3.作った構造を曲げたりねじったりして、構造強度を確かめましょう。

4.別の充填の仕方があるか試してみましょう。

空間充塡

　筒形の折紙をいくつか折って並べると二つの筒、三つの筒がぴったりとはまり合わさるということに気づきます。剛体折紙チューブを組み合わせたものを図1に示します[1]。この組み合わせでは、折り変形をしている途中も、すきまが生じることはありません。つまり、この筒自体が空間充塡のユニットとして機能するということです。このようにして折りたためるセル構造が構築できます。理論上は無限に空間をおおうことができて、その立体を体積0の平坦な状態に折りたためる構造物ということになります。「折る」と「詰む」の合わせ技です。

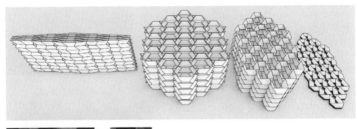

図1　剛体折り可能なチューブによる空間充塡

かたくてやわらかい構造

　折りたためる筒形を空間充塡するように組み合わせていくと、ときどき、構造的に特異な性質が生まれます。不適当に組み合わせると変形できるという性質が失われてしまうので、対称性を考慮して剛体折り可能なチューブを縦横に組み合わせると、折りたためる立体構造が得られます(図2)[1]。こうして作った構造体は、x方向とy方向の力に対しては柔軟で、z方向に対しては剛という高い異方性を持ちます[2]。このような不思議な構造は無限に空間を埋め

尽くせるので、逆にユニットサイズを小さく細かくしていくとスポンジのような「材料」として見ることができます。人工的に自然界にはない機械特性を持った材料が作れるため、**機械的メタマテリアル**（mechanical metamaterial）と呼ぶことがあります（150頁参照）。

　このようなセル状の折紙構造の例は、チャック・ホバーマンによる1988年の特許に見られます[3]。2010年以降の舘知宏と三浦公亮による研究によって、空間充填可能性、剛体折り可能性、メタマテリアルの性質を持つパターンが明らかにされ、以降研究が急速に進展している分野です。

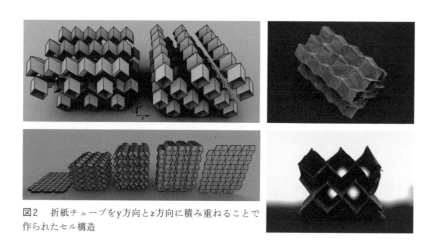

図2　折紙チューブをy方向とz方向に積み重ねることで作られたセル構造

最強の折紙構造

　組み合わせの妙で、さらに特殊な構造ができます。基本構造はシンプルで、ミウラ折りを4枚貼り合わせることで構成されています。ミウラ折りを2枚つなぎ合わせると、折りたためるチューブができることは紹介しました。折りたためるチューブを二つ貼り合わせることで、新しい強い構造**ジッパー折紙チューブ**（図3右）が得られます[4]。

　折紙において最も理想の構造は、設計上の折りたたみ変形を得るのに必要な力は小さくてすみ、それ以外の変形に対しては面材の引っ張りと圧縮で抵抗し大きな力が必要となる構造です。ジッパー折紙チューブは、折りたたみ

モードの剛性と、最も不利な変形モードの剛性の比が400倍となる構造となります。単体のチューブでは4倍の剛性比が限界ですので、相当にかたい構造といえます。剛性に異方性があるだけではなく、1カ所に加えた力が部分的な変形を起こさず、全体に伝わることも特色です。これによって、端部を駆動するだけで変形が全体にすみやかに波及して展開します(図4)。なお、組み合わせるときにジッパー状、すなわち**滑り鏡像**(glide reflection)の位置に組むことが重要で、これが平行配置だと単体のチューブ程度の剛性となって組み合わせのメリットがない、というのが形と構造の妙です。

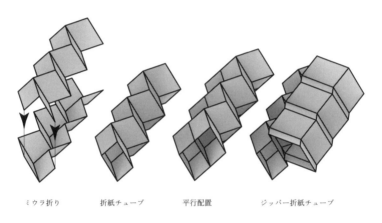

ミウラ折り　　　　折紙チューブ　　　　平行配置　　　　ジッパー折紙チューブ

図3　ミウラ折りシートの組み合わせでチューブができる。平行配置だと構造剛性が得られないが、ジッパー形だとさらにかたい構造となる

図4　ジッパー折紙チューブは片方の端部を駆動すると全体が伸展する

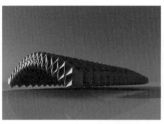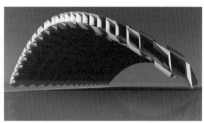

図5　折紙チューブの組み合わせによる大規模構造物の提案

図6　S字形にのみ変形できる構造パネル

　この構造は展開時には荷重を支えられる強い構造となります。可動式の屋根（図5）や繰り返し折りたためる建築、航空宇宙分野の展開構造物、ロボットのアクチュエータなどへの応用、そして、マイクロスケールで実現すれば収縮・膨張し、かたさがコントロール可能な材料などへ応用ができるかもしれません。

　ジッパー構造のバリエーションを作ると、やはり変形できて剛性があるという構造的な特性を保ちます。軽くて強い、なおかつ意図した曲面に沿って曲げられるパネルが作れるので、真ん中を押しても変形しないけれど、S字形には変形する、という非常に変わった性質の構造物になります（図6）。

「折る」と「詰む」の融合

　本節「折紙メタマテリアル」は、本書の「折る」と「詰む」のテーマが融合する場所です。前編「折る」では、折ることの行為から始め、対称性に注目すると組み合わせていくことができる、という切り口で空間充填し変形する構造にアプローチしてきました。後編「詰む」では、このような組み合わせを成立させる対称性からの視点で形を考えていきます。80頁図2のチューブの組み合わせは後編「1 空間充填」で紹介する菱形十二面体の充填構造をとっています。後編では「詰む」で作った空間充填立体をオープンな面に変換することによっても、折紙メタマテリアルにアプローチできることを紹介します（後編「4 オープンセル構造」）。美術家の野老朝雄による「Build Void」は「折る」と「詰む」が融合した作品です（図7）。

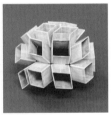

図7　野老朝雄「Build Void」

註

[1] Tachi, T., and Miura, K., "Rigid-Foldable Cylinders and Cells," *Journal of the International Association for Shell and Spatial Structures*, Vol.53, No.4, 2012, pp. 217-226.

[2] Cheung, K. C., Tachi, T., Calisch, S., and Miura, K., "Origami interleaved tube cellular materials," *Smart Materials and Structures*, Vol. 23, No. 9, 2014, 094012.

[3] Hoberman, C. S., "Reversibly expandable three-dimensional structure," U.S. Patent No. 4780344. 25 Oct. 1988.

[4] Filipov, E. T., Tachi, T., and Paulino, G. H., "Origami tubes assembled into stiff, yet reconfigurable structures and metamaterials," *Proceedings of the National Academy of Sciences*, Vol. 112, No.40, 2015, pp. 12321-12326.

身の回りにあるものを
折紙のコンセプトで
再設計してください。

あなたがいつも身の回りで使っている製品や都市のアイテムに、
シートからの作り方、折りたたみのコンパクトさ、変形機構、
かたさ、やわらかさなど、折紙のコンセプトを応用して、再設計してみましょう。
作ったら実際に自分で使ってみましょう。

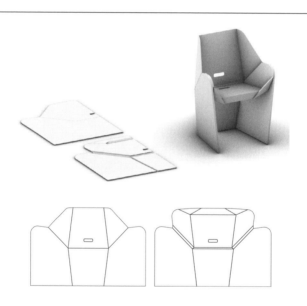

「オリガミ・チェア」2018年

デザイン： リッカルド・フォスキ（Riccardo
Foschi）＋舘知宏／共同研究・製作：東京大学
舘知宏研究室＋川上産業

ポリプロピレン製の10㎜厚のサンドイッチボー
ド（プラパール）にV字とハーフカットの折
り目加工をして、2枚貼り合わせた構造となっ
ています。椅子形状において、折り目の一部が
180°の折りになって、ブロックすることで安
定性を実現しています。

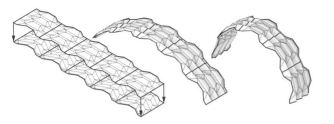 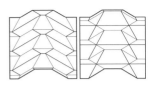

「剛体折紙アーチ」2018年

舘知宏（東京大学）＋安藤顕祐（日建設計）＋重松瑞樹（日建設計）＋森島敏之（川上産業）

折紙構造を使って仮設のシェルターやパビリオンを作るためのモックアップ実験です。サンドイッチボード（プラパール）にV字とハーフカットの折り目を加工をして、2枚重ね合わせて剛性の高いチューブ構造のアーチを作っています。アーチのスパンは4mで、材料と取り回しの制約から一つのアーチは五つのモジュールに分割しています。モジュールは2枚重ねのまま平坦にたためるので、全部のモジュールを積んでも140×140×10cmととてもコンパクトになります。一つひとつのモジュールは大人1人でハンドリングして立体化することができ、組み合わせと脚部の固定を含めても1時間ほどで完成します。

自己折り（セルフフォールディング）

　複雑なパターンは、カットパターンや罫線押しを利用してデジタル加工機で加工することができます。しかし、最終的に立体にするためには手で折る必要があります。これを自動化することはできるでしょうか?

　自己折り（self folding）は、熱や水分などに反応して材料が収縮・膨張することを利用して、平面シートに施したパターンを折紙のように折り上げて立体化する技術です。自己折りの実例としては、水分を吸収して膨張する高分子ゲルを使った、マイクロスケールの立体パターンがあります（図1）[1]。この手法では、膨張するゲルの両面を伸縮しないシートで挟み、折り線の山折り側のみにシートにすきまを空けておきます。膨張したゲルがすきま側に飛び出ることで、折りを誘発します（図2左）。逆に、収縮する材料を用いても自己折りが可能です（図2右）。熱収縮するポリスチレンシート（いわゆるプラ板）を折紙機構の両面に貼り、山折り側にシートに切れ目を入れておくことで、熱により折り目の谷折り側が収縮し、曲げモーメントを発生させることができます。自己折りで組み上がるロボットに応用されています（図3）[2]。

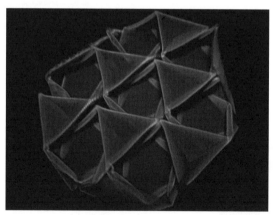

図1　高分子ゲルの膨張による自己折りパターン。
一つの三角形の1辺が400μm程度）

©Junhee Na (UMass Amherst), Ryan Hayward (UMass Amherst),
and Thomas Hull (Western New England University)

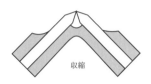

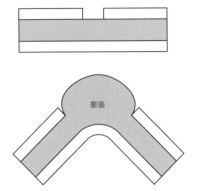

図2　膨張（左）と収縮（右）による自己折り

図3　熱収縮による自己折りで組み上がるロボット
「Self-Folding "origami" robots」
©Wyss Institute at Harvard University

註

[1] Na, J.-H., Evans, A. A., Bae J., Chiappelli M. C., Santangelo C. D., Lang R. J., Hull T.C., and Hayward R.C., "Programming Reversibly Self‐Folding Origami with Micropatterned Photo‐Crosslinkable Polymer Trilayers," *Advanced Materials*, Vol. 27, Issue 1, 2015, pp.79-85.

[2] Felton, S., Tolley, M., Demaine, E., Rus, D., and Wood, R., "A method for building self-folding machines," *Science*, Vol. 345, Issue 6197, 2014, pp. 644-646.

17頁に掲載した三次元ウサギの展開図。
「Origamaizer」で生成。実際に折る様子
の映像を紹介しましょう。「YouTube」で
「How to fold a Buuny Tomohiro Tachi」
を検索すると見つかります

「つむ」という日本語は、詳しく見ると重力に対抗するように物理的なブロックを上に向けて「積む(stack)」ことと、空間をすきまなく充填していく「詰む」(tessellate)という2種類の考え方を含んでいます。本編では、後者の「詰む」に着目し、部分空間をぴったりと組み合わせその集合体を作ること、そして大きな空間を何種類かのモジュールに分割することを考えていきます。

現代では、3Dプリンタが登場し、中身の詰まった変形しないブロックだけではなく、空隙を含み変形するなどの新たな特性を持った「機能性ブロック」が作れるようになりました。本編では、「詰む」ことの幾何学的な基本原理を理解することで、機能的な単位がつながってできる構造システムや新たな材料、建物から食べ物までさまざまなジャンルの新しいデザインを開拓することを目指します。

空間充塡

マラルディの角度*（〜109.5°）をつくってみよう

◉用意するもの：紙粘土、ラップ、分度器、小麦粉

1. 紙粘土で、同じ大きさの球を13個作り出します。表面に小麦粉を振っておくと扱いやすくなります。

2. ラップの上に、そのうちの7個を平面に置きます。

3. その「くぼみ」の一つおきに、残りのうちの3個を置きます。

4. 全体をひっくり返し、上の「くぼみ」の一つおきに、残りの3個を置きます。

5. ラップで全体を包み、すべての方向から均等に押さえます。

6. ラップを開き、周りの12個からつぶされて変形した中央の球がどのような形になっているか、開いて見てみましょう。また、マラルディの角度を測ってみましょう。他の詰み方で球を詰んで出てくる多面体はどのような形でしょうか？

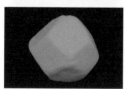

＊正四面体の中心と各頂点を結ぶ4本の直線が互いになす角（98頁参照）。

正多面体と半正多面体

まずは基礎の基礎として、三次元空間における**正多面体**(プラトンの立体)と**半正多面体**(アルキメデスの立体)についておさらいしましょう。三次元における「正多面体(プラトンの立体)」は全部で5種類あります(図1)。

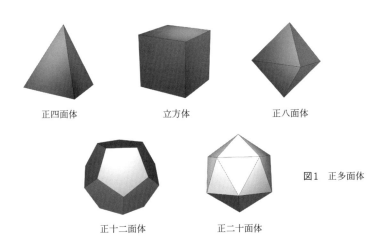

正四面体　　　　　　立方体　　　　　　正八面体

図1　正多面体

正十二面体　　　　　正二十面体

さて、それぞれの立体について、面の数、稜線の数、頂点の数、面の頂点数、頂点に集まる面の数について調べると表1のようになります。

表1　正多面体を構成する面や点の数

名称	面の数	稜線の数	頂点の数	面の頂点数	頂点に集まる面の数
正四面体	4	6	4	3	3
立方体	6	12	8	4	3
正八面体	8	12	6	3	4
正十二面体	12	30	20	5	3
正二十面体	20	30	12	3	5

正多面体は非常に高い対称性を持っていてさまざまな性質があります。まず、正多面体には**双対**(dual)という概念があります。それぞれの面を面の中心点に対応させ、隣り合う面に対応する中心点どうしを稜線で結んで立体を作ることを考えます。すると、正四面体の双対は正四面体となり、立方体の双対は正八面体、正八面体の双対は立方体、正十二面体の双対は正二十面

体、正二十面体の双対は正十二面体です。表1において、面の数と頂点の数を入れ替え、面の頂点数を頂点に集まる面の数に入れ替えたものが双対多面体に対応します。

　さらに数について着目すると、閉じていて穴の開いていない[1]多面体の面の数（F）、稜線の数（E）、頂点の数（V）については、F－E＋V＝2となるという関係があります。これを**オイラーの多面体公式**といいます。

　双対でない多面体にも入れ子の関係性があります。例えば、立方体の8個の頂点を隣り合うものが互い違いになるように4個ずつの頂点に白黒色分けします。黒の4頂点を結んでも白の4頂点を結んでも正四面体ができます。正四面体の六つの稜線中点を頂点として結んでできる形状は正八面体になります。さらに、正十二面体の頂点を5色4頂点ずつに色分けすると、五つの正四面体が正十二面体に内接した構造ができます。

　正多面体の頂点を切り落としてできる「半正多面体（アルキメデスの立体）」は全部で13種類あります（図2）。切頂二十面体はサッカーボールのパターンで特に有名です。このように見ていくと、アルキメデスの立体の中には、❶正四面体に面でフィットする切頂四面体、❷立方体と正八面体に面でフィットする切頂六面体、立方八面体、切頂八面体、斜方立方八面体、斜方切頂立方八面体、変形立方体の組と、❸正十二面体と正二十面体に面でフィットする切頂十二面体、二十・十二面体、切頂二十面体、斜方二十・十二面体、斜方切頂二十・十二面体、変形十二面体の3組があることがわかります。

　繰り返して充塡するときに関係してくる立体は、正四面体か、立方体と正八面体に接するタイプで、正十二面体、正二十面体はそのままでは充塡することができない仲間です。

　さらに枠を広げて「正多角形で構成された凸な多面体」を考えると、側面を正方形とした角柱や、側面を正三角形とした反角柱の仲間を見出すことができます。なお、立方体は正方形を底面とした角柱で、正八面体は正三角形を底面とする半角柱ととらえなおすこともできます。正多角形で構成された凸な多面体で、正多面体でも、半正多面体でも、角柱でも反角柱でもない多面体は、**ジョンソン=ザルガラー（Johnson-Zalgaller）多面体**と呼ばれていて92種類あることが知られています。凸でない多面体は無限に存在していて、いまだによくわかっていないことが多いです。

切頂四面体

❶正四面体に面でフィット

切頂六面体

立方八面体

切頂八面体

斜方立方八面体

斜方切頂立方八面体

変形立方体

❷立方体と正八面体に面でフィット

切頂十二面体

二十・十二面体

切頂二十面体

斜方二十・十二面体

斜方切頂二十・十二面体

変形十二面体

❸正十二面体と正二十面体に面でフィット

図2　半正多面体

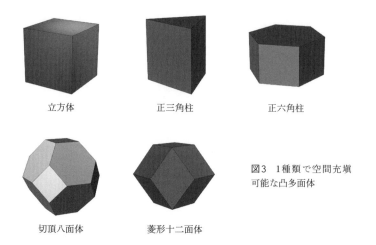

立方体　　　　　　　正三角柱　　　　　　　正六角柱

切頂八面体　　　　　　菱形十二面体

図3　1種類で空間充塡
可能な凸多面体

空間充塡

　空間充塡（space-filling）あるいはタイリングとは、空間内を図形ですきまなく埋め尽くすことを指します。ここではまず、どんな図形が空間を埋め尽くすのかを学びましょう。1種類で空間充塡可能な凸多面体は、図3の5種類が有名です。立方体は「正多面体（プラトンの立体）」ですし、切頂八面体は「半正多面体（アルキメデスの立体）」の一つに属しています。正三角柱や正六角柱は柱体に属しています。

　1種類で空間を充塡する多面体五つのうち、見慣れていて形としてすぐに把握しやすいのは「立方体」「正三角柱」「正六角柱」の三つです。しかし、残る切頂八面体と菱形十二面体の二つこそが、「詰む」を考えていくうえでの鍵を握っているといっても過言ではないのです（図4・5）。特に、菱形十二面体は正多面体や半正多面体には属していませんがすべての辺が同じ長さで、同じ菱形が12枚合わさってできています。菱形十二面体は本編「詰む」の最重要多面体で、徐々にその性質を明らかにしていきます。

　実は、同じ形で空間が充塡できるということは、面と面の間の角度は360°を整数で割った値になっているということを示唆しています。角柱はもちろん60°、90°、120°であることがすぐにわかりますが、菱形十二面体、切頂八面体はどうなっているでしょうか？　ここで考えてみましょう。

　なお、正八面体や正四面体は単体では空間充塡できません。それぞれ面と

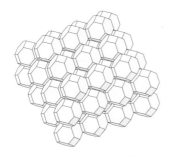

図4　切頂八面体の充填*

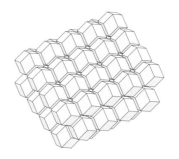

図5　菱形十二面体の充填*

*わかりやすいようにすきまを挿入してあります

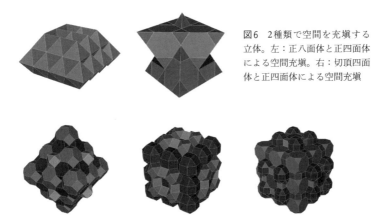

図6　2種類で空間を充塡する
立体。左：正八面体と正四面体
による空間充塡。右：切頂四面
体と正四面体による空間充塡

図7　3種類（左・中）、4種類（右）の多面体で空間を充塡するパターンの例

面の間の角度が無理数になってしまうからです。しかし、この2種類の多面体を組み合わせてもよいことにすると空間充塡することができます（図6）。この構造のエッジを線材とするとのちに述べる**オクテットトラス**が現れます。同様に切頂四面体もそれだけでは空間を充塡できず、もう一つ別種類の多面体を必要とします。そこで、正八面体と同様に、正四面体を使います。その2種類が組み合わさって空間を充塡するというパターンになります。

　2種類の多面体で空間を充塡するパターンは他にも存在しますし、3種類の多面体で空間を充塡するパターン、4種類の多面体で空間を充塡するパターンは、図7にあげた以外にも数多く存在します。ぜひ自分で試行錯誤して探してみましょう。

菱形十二面体

菱形十二面体（rhombic dodecahedron）の「十二」はどこからきているのでしょうか？　これは、正十二面体の「十二」とは無縁で、立方体の稜線の数の12と関係があります。1辺の長さ1の立方体のそれぞれの辺の上に辺を挟む面からそれぞれ角度45°ずつとなる位置に平面を作成します。この12個の平面で互いに切り取り合うと、立方体のそれぞれの面に高さ1/2の四角錐が生まれます。また、隣り合う四角錐の側面二つが一つの菱形をなします（図8）。この菱形の対角線の長さは、片方は1で、もう一方は$\sqrt{2}$です。この菱形を対角線が白銀比$1:\sqrt{2}$となることから、白銀菱形と呼ぶこともあります。この白銀菱形の鈍角は**マラルディの角度**（〜109.5°）となっています。

なお、立方体から飛び出た部分の四角錐をひっくり返して6個合わせると、同じ立方体になります。菱形十二面体の充塡は、立方体を市松状に一つおきに並べて、それぞれの面に四角錐を飛び出させた、ととらえてみるとわかりやすいでしょう。

ところで、菱形の面内角に出てくるマラルディの角度はもともと四面体の面の法線方向どうしがなす角度（つまり稜線の折り角）として定義されるもので$\arccos(-1/3)$の式で表されます。これが菱形十二面体に現れるのはもちろん偶然ではありません。これは、菱形十二面体の充塡が、四面体—八面体の充塡と双対であることから理解できます（本編「3 立体トラス」参照）。

最後に、充塡するためには、辺回りの面の角度が$360°/n$（nは整数）となっていないといけないと説明しました。さて、菱形十二面体はどうなっているでしょうか？　立方体を6個の四角錐に分割するとき、一つの立方体の頂点が三つに分割されていることがわかります。つまり菱形十二面体は稜線回り

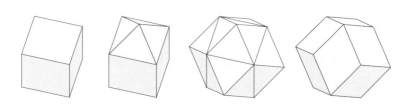

図8　立方体から菱形十二面体へ

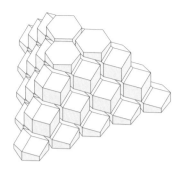

図9　菱形十二面体の充填を切断すると六角形のタイリングが現れる。120°ずつ三つのセルが一つの稜線を共有していることがわかる

が120°の二面角になっていて、三つずつ合わさって出来上がっていることがわかります（図9）。

結晶構造と空間充塡

　空間充塡の形は自然の中にある結晶の分子構造に現れます。体心立方格子は切頂八面体の充塡ですし、面心立方格子は菱形十二面体の形状と関係があります。鉱物の自然結晶を見ると八面体や立方体の他、マラルディの角度を持った形状を見ることができます。例えばガーネットの自然結晶は全体が菱形十二面体になったり、それに関連した凧形二十四面体になったりします（図10）。

　重要なのは、「十二」は菱形十二面体からきていて、正十二面体ではないということです。菱形十二面体などタイリングする形は、ある軸に360°/3＝120°とか、360°/4＝90°回転すると自分自身に重なる性質があります。このような対称性をそれぞれ3回対称、4回対称と呼びます。さて、正十二面体や正二十面体は5回対称です。つまり72°回転させると自分自身に重なります。

　空間充塡の有名な性質として、繰り返して結晶構造を作ると2、3、4、6回の対称性しかなく、5回対称性のある空間充塡は存在しない、ということが知られています。このような結晶の対称性は、材料をX線回折によって解析することで知ることができます。自然界にあるきれいな結晶は全部そのルールにしたがって2、3、4、6回のいずれかの対称性を示してきました……ダニエル・シェヒトマン（Daniel Shechtman）が1984年に5回対称の物質を発見してしまうまでは。この話は続きます！（125頁参照）

立体の表現と物質

　ここまでは、立体形状は中身の詰まった立体として考えて表現していました。このような立体表現を**ソリッドモデル**（solid model）（図10）と呼びます。一方で、表面だけを表現したモデルは**サーフェースモデル**（surface model）（図11）、稜線のみを表現したものを**ワイヤフレームモデル**（wireframe model）と呼びます。これはコンピュータ上で形状をどう表現するかというモデルの話であると同時に、物理世界においてはそれぞれ組積造、シェル構造、トラス構造といった構造にも対応する話です。同じ形であっても、どの次元の要素を取り出して考えるかによってまったく異なる構造としての解釈ができるので、意識しながら考えましょう。

図10　菱形十二面体が見えるガーネットの自然結晶。ソリッドモデルとしてとらえる

図11　蜂の巣に見られるハニカム構造はサーフェスモデルとしてとらえる

註

[1] 多面体がゴムのようにやわらかい材料でできていたと考えて、球面にフィットさせることができるものを指しています。伸び縮みできる幾何学、すなわちトポロジーの概念で球面と等しいということで、「球と**同相**」といいます。

空間分割

泡を観察してみよう

◉用意するもの：石鹸、シャボン液、水、ビン、発泡スチロール

1. ビンの中に石鹸やシャボン液を封入してからよく振って「泡」を作り出し、虫眼鏡や顕微鏡などで拡大して、その形を観察しましょう。

2. 一つの泡が持つ面の数や、一つの辺に集まる面の数、一つの頂点に集まる面や辺の数を数えてみましょう。

3. さらに発泡スチロールの粒も観察し、泡と比較してみましょう。

泡の幾何学

　「泡」の物理実験は、空間分割を観察する格好のモデルとして、過去から多く取り扱われてきました。泡の形を決める基本原理は、表面積を極小化しようとする力（表面張力）と泡の体積を一定としようとする圧力です。こうした泡の構造も、なんらかの規則的な多面体の組み合わせでできていそうな気がします。ここまでに説明してきた、さまざまな幾何学的な空間充塡パターンのうちのどれかが、ぴったり当てはまる、と思いたいところです。シンプルなモデルで説明したい、という願望が生まれるのは、科学の心をもって研究に取り組む研究者の性です。ところが、実際の泡を観察してみると、十四面体が多く含まれていたり、なかには五角形の面があったりと、幾何学的にモデル化することは、そう簡単にいかなさそうです。実世界の物理現象は、より複雑なのです。

　1種類の多面体だけで空間を充塡できる五つのパターンのうち、特に不思議な幾何学的奥深さが潜んでいるのが「切頂八面体」と「菱形十二面体」でした。前節「1 空間充塡」後半では特に「菱形十二面体」を題材に掘り下げながら、議論を展開してきました。

　ここでは、もう一つの「切頂八面体」が主役になります。まず、1887年に英国の物理学者ケルビン(Kelvin)が、切頂八面体の集合で空間を満たしたほうが、菱形十二面体の集合で満たしたときよりも、「界面積」が小さいことを発見しました。このためこの半正多面体には**ケルビンの十四面体**という別の名前がつけられたのです(図1)。泡の形を決める基本原理は、表面積を極小化しようとする力（表面張力）ですから、この多面体が妥当なように考えられます。

図1　ケルビンの十四面体
（切頂八面体）

　実際に泡を観察した場合に「十四面体」がたくさん見つかるという観察結果と重ね合わせてみても、その後このケルビンの十四面体（正確には、ケルビンの十四面体の稜線を曲線で作り、平面を極小曲面で置き換えたもの）こそが、泡を幾何学的にモデル化する最有力候補と期待されてきました。

　しかし、実際の泡を観察してみると、十四面体とは別に、五角形があちこ

ちに散見されるのです。ケルビンの十四面体は、正六角形と正四角形で構成された多面体ですから、どこにも五角形は出てきません。こんなことから、理論（モデル）と実際の観察結果の不整合が起こり、長い間問題とされていました。

　それからしばらくたって、ロバート・ウィリアムズ（Robert Williams）が1968年に、曲面の存在を許せば、空間をすきまなく充塡できる十四面体がもう1種類あることを発見しました。この十四面体は、8個の五角形、4個の六角形、2個の四角形の面を持ってい

図2　ウィリアムズの十四面体

ます。これで少し観察結果に近づきました。これを**ウィリアムズの十四面体**と呼びます（図2）。

　さて、「同じ体積の泡が集まっているときに、境界面積が最小となる泡の形は何だろうか」という問いに対して、ここまでは「1種類の多面体」だけで答えようとしてきました。しかし、もし、体積が同じのままで、形の異なる2種類の多面体を組み合わせることで、より界面積が小さいものが見つかるとしたらどうだろうか、という問いを立てた人がいました。アイルランドの物理学者デニス・ウィア（Denis Weaire）です。

　ウィアは、不等辺五角形の面を持つ十二面体（五角形12枚）と十四面体（五角形12枚と六角形2枚）が1:3の割合で並ぶ場合に、さらに界面積が小さくなることを発見しました。

　空間充塡した状態は**ウィア=フェラン構造**（Weaire–Phelan structure）と呼ばれ、「五角十二面体」と「切頂ねじれ双六角錐」の組み合わせで実現されます（図3）。ケルビン構造の六角形と同様、どちらのセルでも五角形はわずかに曲がっています。ウィア=フェラ

図3　ウィア=フェラン構造

ン構造の境界面積は、ケルビン構造よりも0.3%低くなります。

　このように、だんだんと観察結果と近い泡の幾何学モデルに近づいてきています。より効率のよい泡の構造があるのではないか、といまでもこの系統の探求は続けられています。

空間分割の考え方は、建築にもよく応用されます。2008年の北京オリンピックの「ウォーターキューブ（北京国立水泳競技場）」は、泡が詰め込まれたような形状で、ウィア＝フェラン構造をモチーフにしています（図4）。建築の外形の比率（長さ、幅、高さ）はあらかじめ決められていますから、それを、工法上ちょうどいいサイズのモジュールに分割していくというデザイン上の作業が行われています。

図4　PTWアーキテクツ＋中国建築工程総公司＋ARUP「北京国立水泳競技場」2008年

ボロノイ多面体

　本編「詰む」は、粘土で作った球体を押しつぶして「多面体」が生まれる瞬間を見届けることから始まりました。まず初めに、ある幾何学単位で空間を「充填」していくことの数理を説明しました。今度は逆に「泡」を観察することから、まず「有限の空間」があって、その空間が界面で分割されていくことで充填されていくことを見てきました。

　「大きな空間を、細かく刻んで分けていく」という思考法を取る場合、重要な道具に**ボロノイ分割**があります。前編「折る」にも登場しましたが（50頁）、復習も兼ねて、ここで再度取り上げてみます。

　まず二次元の平面において、ボロノイ分割とは何かを再度説明しましょう。まず、平面上に複数の母点が配置されているとします。その平面内の点を、どの点に最も近いかによって分割すると、母点ごとに「勢力図」のような領域が形成されます。この領域分割図を**ボロノイ図**と呼び、各母点の支配する領域をボロノイ領域と呼びます（図5）。

　さて、ボロノイ分割は「折紙」のときのように二次元だけではなく、三次元でも可能なのです。三次元空間で空間中に多数の点が分散しているとき、その勢力圏を「球」で表現します。そして、その球の半径を徐々に大きくし

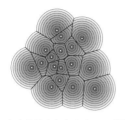

図5 白点を母点とするボロノイ図。灰色の領域は母点までの最短距離を表す

図6 ボロノイ多面体

ていきます。最初は離れていた球が、半径が大きくなって接していきます。そうすると、その間に領域を分ける平面が現れます。半径をどんどん大きくしていくと、いずれすべての隣り合う球の間に平面が生まれ、分割が終了します。すなわち隣り合った点の垂直二等分面を作ることによって、全空間を多面体に分割する構造が生まれます。それぞれ分割された領域を**ボロノイ多面体**と呼びます(図6)。

球充塡

　均一に配置された点のボロノイ分割を作ることで、空間充塡をする多面体を作ることができます。点を均一に配置する作業は、「段ボール箱に、ミカンをどのように詰め込めば一番たくさんのミカンを梱包できるか?」という問題と似ているところがあります。問題を数学的に単純化すれば、「互いに重なり合わない球を並べて空間を充塡する」**球充塡**(sphere packing)の問題になります。ある空間について最も稠密に球を詰め込む配置を見出すのは典型的な球充塡問題ですが、三次元空間の充塡では、等しい大きさの球による最密充塡(図7)は空間の74%を占めます。等しい大きさの球によるランダム充塡(図8)は一般に64%前後の密度を持ち、最もゆるい充塡は55%ぐらいになることが実験によって確かめられています。

　さて、球のパッキング(充塡)として有名なものとして、「体心立方格子」「面心立方格子」「六方最密充塡」が知られています。「面心立方格子」「六方最密充塡」は最密充塡となることが知られています。なおこれらの球の中心を母点として、ボロノイ分割をすると、「体心立方格子」は切頂八面体の充

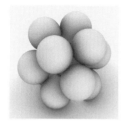

図7　最密充塡（面心立方格子）

図8　ランダム充塡

塡に、「面心立方格子」は菱形十二面体の充塡となります。これらは、空間が無限に広がっている場合に自然なパッキングを表しています。逆に有限領域では境界に応じたより自然なパッキングがありそうです。

重心ボロノイ分割

さて、ボロノイ図を使うことで、結晶のような規則的な構造からスタートするのではなく、泡のような形成の仕方で、有限領域を均質に分割することもできます。実際の泡においては、泡と泡の境界の位置は、空間を分割するだけではなく、それぞれの泡が体積を一定とするように互いに位置関係を調整し合う力が働き、最終的に力がつり合った位置に収束します。自然界では、このように自己つり合いの現象で秩序を持ったパターンが形成されます。

ランダムな点から発生したボロノイ多面体を作ると、極端にひしゃげた不自然な形を含んでいます。自然界で起きるような、せめぎ合いによるセルの均等化を計算する方法として、**ロイドアルゴリズム** (Lloyd algorithm) が知られています。これは、均等な性質のよいボロノイセルは、それを形成する母点とその重心が一致するという観察からきています。このような性質のあるボロノイ分割のことを**重心ボロノイ分割** (centroidal Voronoi tessellation) と呼びます。ロイドアルゴリズムの手順は以下の通りです。

1. ランダムな点のボロノイ分割を行う。
2. ボロノイ領域の重心を求める。
3. その重心を母点としてボロノイ分割を行い、2へ。

これが、収束すると重心ボロノイ分割となり（図9）、均一な「泡」構造を作ることができます。近年ではボロノイの幾何学を広域の配置計画に応用しようという提案も登場しています（図10）。

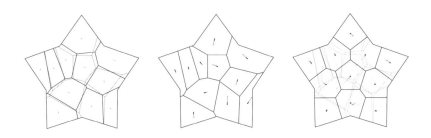

図9　ロイドアルゴリズムによって重心と母点が一致した重心ボロノイ分割になる

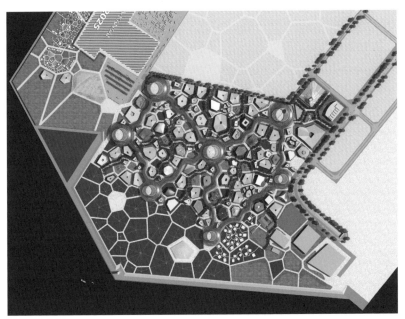

図10　建築家の豊田啓介がアドバイザーとして誘致会場計画策定に携わった「2025年 大阪関西万国博覧会」ではボロノイ図を用いた離散型の配置計画が提案されている（提供：経済産業省）

## 3

立体トラス

爪楊枝で立体構造を作り、
上に物を載せても崩れないようにしよう

◉用意するもの：爪楊枝、グルーガン

1. 爪楊枝で正四面体を作り立方体と比較してみましょう。端部はグルーガンでとめるとよいでしょう。

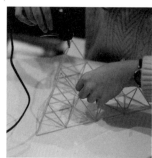

2. 変形しない必要最小限の部材で構造の単位を接続してみましょう。

トラス構造

　物理世界の「詰む」構造物においては、特に力学的な構造が重要です。構造の部分要素として、まずワイヤフレームを考えることとしたいと思います。鉄骨、割り箸、爪楊枝といったワイヤフレームを構成する部材を「線材」と呼びます。線材で立体を構成するとき、つなぎ方には2種類の考え方があります。一つは、端部と端部を互いの角が変わらないようにがちがちに固める方法で**剛接合**と呼ばれます。もう一つは、端部と端部が回転はするけれどもつながった状態で接続する方法で**ピン接合**と呼びます。「ピン接合」のみで線材をつないで作った構造は**トラス**と呼ばれていて、最も基本的で合理的な構造です。

　なぜトラスは合理的なのでしょうか？ 剛接合では線材が曲がろうとする力（曲げモーメント）がジョイントを介して線材に加わります。一方でピン接合では、曲げの力がジョイントで伝わらないため、線材は圧縮されるか引っ張られるかどちらかしか起きません。さて、割り箸を壊してくれと言われたら、みなさんはどうしますか？ 引っ張ったりせず曲げて折るのが普通だと思います。つまり線材は圧縮や引張には強いものの、曲げには弱いという性質があります。線材に曲げの力がかからないトラスは簡単には壊れず丈夫な構造だといえます。しかし、トラスで普通の立方体を作っても簡単にひしゃげてしまいます。トラスで構造を作るためには立体的な「形」の工夫が必要となるのです。

三角形と四面体

　棒を3本組み合わせて三角形を作ると変形しませんが、四角形とするとひしゃげる変形（せん断変形）をします。四角形を安定させるには剛接合とする必要があります。そのため、四角形に比べ三角形のほうがかたいということになります。小規模な建築物では荷重が少なく構造をあまり気にする必要がないので、剛接合を用いた四角形フレーム構造がよく使われます。つまり、「柱」とか「梁」といった構造部材でできた建築です。しかし、大屋根や橋など大規模な構造物になるととたんに三角形のトラスが現れ始めます。観察

してみるとよいでしょう（なお大きい構造ではさらに曲線〈カテナリーアーチ〉や曲面〈HPシェル、円筒シェル〉なども現れることもあります。単体の曲面については、本書では扱いませんが、次節にて繰り返す曲面シェルを扱います）。さて、平面では三角形が基本単位でしたが、立体においては三角形を四つ組み合わせた四面体が最小単位となります。

空間充塡からトラスを作る

　立体的に非常に丈夫な構造の代表例に、「オクテットトラス構造」があります。正四面体と正八面体による空間充塡の稜線のみをつないだ形で、正三角形の構成要素でできています。オクテットトラスでは正四面体と正八面体が交互に面を接するため、正四面体どうし、正八面体どうしは面を共有せずに稜線のみが接するのが特徴です。立体充塡の1層分を切り取って大屋根を作ることが多く、切り取り方向によっては外観に正方形が見えることもあります（正八面体を四角錐二つに切り取った場合）。少ない材料で安定性があり最も合理的な構造の一つと考えることができます。これは**スペースフレーム**とも呼ばれており、1900年代にグラハム・ベル（Graham Bell）によって発明されています（図1）。

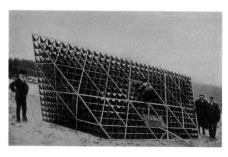

図1　グラハム・ベルによるオクテットトラスとそれを用いた凧[1]

トラス構造の安定性

　トラス構造が安定するかどうかは、自由度を考えることで大まかに判定ができます。つまり、頂点の数と稜線の数を考えます。頂点は三次元空間上で、xyzの三つの座標で表される変数です。一方で頂点と頂点を結ぶ稜線は長さ

が変わらないのです。この長さが変わらないという拘束は一つの等式で表すことができます。複数の頂点と複数の稜線を持つ構造では、3×頂点数の変数と稜線の数の式からなる連立方程式が得られます。この連立方程式の解がどうなっているかによって、構造が安定するかどうかを判定できるのです。

連立方程式の解が有限個に定まるなら構造は安定となり、この解が不定となるときは変形可能な不安定構造となります。なお一般に、形は安定しても構造全体がxyzに移動し、回転する「剛体運動」の6個分の変数は残りますから、多くの場合「頂点の数×3−稜線の数≦6」のときに構造は安定となります。

このような拘束の計算をしていくと、xyz全方向に無限に繰り返す構造を考えるなら、一つの頂点あたり、その頂点に集まる稜線の数が6より多い必要があります。オクテットトラスでは、1頂点に12本の稜線が集まるので、十分に線材がある（線材が少し多すぎる）ということがわかります（図2）。オクテットトラスが、xy方向のみに繰り返す1層分のみ取り出して使える（こうすると平均的に頂点の稜線が8本になる）のはそれが理由です。

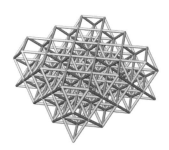

図2　オクテットトラス構造。表面には正八面体を切り取った正方形が現れている

立方八面体（キューブオクト）トラス

オクテットトラスと同様に2種類の多面体充填構造を用いるものに、立方八面体と正八面体の充填がありました。この構造もやはり安定なトラス構造となり、剛性が高い構造になります。オクテットトラスに比べさらに部材密度も低く（1頂点あたり8本の線材）、xyz全方向に繰り返したセル構造を作るには軽量で理想的です。NASAのケニー・チャン（Kenny Cheung）のグループはこの立方八面体のトラスでできた「巣」をジャングルジムのように行き来しながら、その巣をどんどん拡張していく自律ファブリケーションロボットを開発しています（図3）。

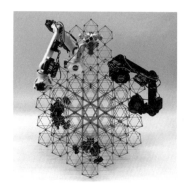

図3 ケニー・チャンらによる立方八面体と正八面体で構成されたグリッドを「巣」にして作るロボット[2]

©Ben Jenett, Kenny Cheung, NASA, 2019

双対：ボロノイ図とドロネー図

　本編「2 空間分割」で見たように、ボロノイ図で空間充塡を作ることができますが、それの双対をなすのが**ドロネー図**（Delaunay diagram）です。平面にボロノイ図とドロネー図の関係を描いたものが図4です。ボロノイ図における領域（ボロノイ領域）がドロネー図の頂点に対応し、ボロノイ図における領域境界辺が、ドロネー図の頂点を結ぶ辺に対応し、ボロノイ図における結節点がドロネー図の三角形領域に対応するといった対応関係を持ちます。このような平面上の面・辺・頂点からなるグラフ構造において、面⇔点、辺⇔辺、点⇔面といった入れ替えを行った図を双対グラフといいます。

　ドロネー図はボロノイ図の**双対グラフ**であるだけではなく、さらに対応する辺どうしが直交するという性質を持っています。この直交の性質を持った双対グラフを**相反図**（reciprocal diagram）と呼びます。

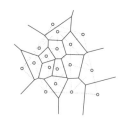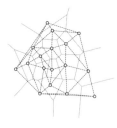

図4 ボロノイ図（左：実線）の双対をなすドロネー図（右：破線）。ドロネー図における頂点はボロノイ領域に対応し、頂点を結ぶ辺はボロノイ図における領域どうしの隣接関係を表す

充塡の双対

　さて、より秩序だった充塡構造でボロノイ図とドロネー図を考えます。例えば円を最密にパッキングして中心を母点としたボロノイ分割をすると六角

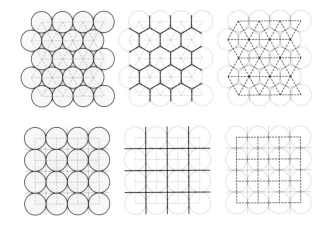

図5 円のパッキング（左）からのボロノイ図（中）とドロネー図（右）。上：最密充填の場合。下：四角形状の充填

形領域分割ができます。これの双対のドロネー図は三角形グリッドになります。同様に四角形グリッドのボロノイ図に対しては四角形グリッドのドロネー図が現れます(図5)。

　三次元のボロノイ図に対しても双対のドロネー図が定義できます。三次元の双対はセル⇔点、面⇔辺、辺⇔面、点⇔セル、という対応となっています。ボロノイ図のセルはドロネー図の頂点に対応し、ボロノイ図における隣接セルの境界面はドロネー図における頂点を結ぶ稜線に対応し、ボロノイ図における三つ以上のセルに囲まれた稜線はドロネー図においては三つ以上の頂点を持つ面に対応し、ボロノイ図の結節点はドロネー図のセルに対応する、という関係があります。

　さて、最密充填である面心立方格子をもとにボロノイ図を作ったものが菱形十二面体でした。これの双対のドロネー図はどのようになっているでしょうか？　隣接する球どうしを辺で結んだ構造を作ればよいので、結局正四面体・正八面体充填のオクテットトラスとなっていることがわかります(図6)。ドロネー図は平面においては平均的に三角形が得られ、立体においては四面

 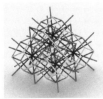 

図6 菱形十二面体（面心立方格子のボロノイ図〈左〉）の双対（ドロネー図）がオクテットトラス（右）。中央はこの2つを組み合わせたもの

体が得られるためトラス構造として理想的な構造が作れます。逆にボロノイ図ベースで作った菱形十二面体はトラス構造にすると、変形する「不安定トラス」になってしまいます。

ジョイントの設計と双対

　トラスの頂点部分はさまざまな方向からくる線材を受けるため、特殊なジョイント構造が必要です。このジョイントの設計に双対の考え方を利用することができます。例えば、オクテットトラスのジョイントは12本の線材が結節することがわかりますが、この12本の方向は何でしょうか？　この問題は双対関係を考えると明らかで、菱形十二面体の面の方向（立方体の中心から12本の稜線の中心を向く方向と同じ）になっていればよいことになります（図7）。

図7　グラハム・ベルによるオクテットトラスのジョイントシステム

註

[1] Graham Bell, "Aërial Locomotion," *National Geographic*, January 1907.

[2] Jenett, B. and Cheung, K., "BILL-E: Robotic Platform for Locomotion and Manipulation of Lightweight Space Structures," *25th AIAA/AHS Adaptive Structures Conference*, 2017, p. 1876.

## 4

オープンセル構造

スナポロジー（snapology）*を作ろう

◉用意するもの：紙テープ、糊

---

1. 多角柱の側面を紙テープを折り曲げて筒状にして、糊で貼ります。それぞれ四角形以上であればせん断変形できる多角柱になります。

2. この多角形の筒どうしの辺を共有するようにつないでいきます。すると面がせん断変形するスカスカの多面体ができます。

3. さらに、多面体どうしをつないで空間充填しましょう。

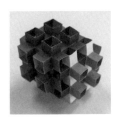 

＊帯を折っていくユニット折紙の一種。ハインツ・ストロブル（Heinz Strobl）が提唱（117頁参照）。

面を張り、面を抜く

　多面体分割は、空間全体をいくつもの閉じた立体に分割しています。隣り合う立体で共有されている面を抜くと、二つのセルが一つになります。このように面を抜いてセルをつなげる操作を繰り返していくと、オープンな面で作られた無限に広がる多面体が現れます。このような形は軽量なセル構造となります。

　正六角柱の充填の構造（底面を取り除いたもの）は、**ハニカム構造**（ハチの巣）と呼ばれています。ハニカムには、垂直な圧力には強く、横からの力には弱く、平らに折りたたまれるという性質があります（図1）。底面を閉じたハニカムコアパネルは、非常に軽く全方向に強い性質を持ちます。ハニカムコアパネルは、1.折りたたんだ状態でハニカムを製造する、2.ハニカムを展開する、3.面を貼って閉じた充填構造とする、という手順で作られます。

図1　ハニカムの展開

　立方体の充填について、面を適切に取り除いて、すべての角に6個の正方形の角が一致するようにすると、コクセター（Coxeter）の**正スポンジ**（regular sponge）「四角六片四角孔正スポンジ」が作れます（図2）。正スポンジのように1本の線がどこでも2枚の面で共有されているならば、これはひとつながりの曲面と同じ（前編「3 折紙テセレーションのデザイン」参照）ものとみなすことができます。また、菱形十二面体を平行六面体四つで分割したセルを適切に抜くと、前編「折る」で紹介した1方向に強くて2方向にたためるセル構造となります。

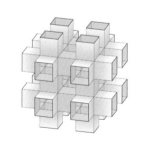

図2　コクセターの四角六片四角孔正スポンジ

詰むと折る：折紙セル構造

　詰むという発想から多面体の充塡が生まれ、その面を抜いて再接続することで、またひとつながりの面が作り上がりました。こうして出来上がる曲面には変形をするものもあります。例えば四角六片四角孔正スポンジは、3自由度で変形できます。ここで、詰むと折るという本書の二つのコンセプトがつながってきました。

　このような構造のバリエーションは、折紙作家ハインツ・ストロブルによってテープ状の折紙作品がスナポロジーとして知られているほか、野老朝雄の作品群「Build Void」でも探索されています(図3)。さらに近年では、チャック・ホバーマン(Chuck Hoberman)とハーヴァード大学のカティア・ベルトルディ(Katia Bertoldi)のグループのコラボレーションによって新しいメタマテリアルとして提案されています[1]。

図3　野老朝雄「Build Void」

極小曲面

　与えられた境界条件に対し面積を極小・最小にするような曲面を総称したものを**極小曲面**(minimal surface)と呼びます。具体例として、カテノイド(懸垂面)やヘリコイド(常螺旋面)などがあります(図4)。石鹸膜が張力によって作る曲面は、自分自身の面積を極小化しようとする性質によって、一定の曲面に収束します。これが極小曲面です。積まれた多面体の面を除去してひとつながりの面すなわち多様体(33頁参照)としてここに石鹸膜を張ると、平面の組み合わせがなめらかな曲面に変わります。

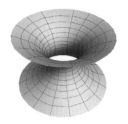
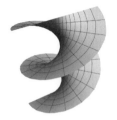

カテノイド（懸垂面）　　　　　　　　　　ヘリコイド（常螺旋面）

図4　極小曲面の例

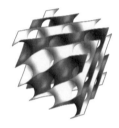

シュワルツのプリミティブ曲面　　　　シュワルツのダイヤモンド曲面　　　　　ジャイロイド曲面

図5　三次元「周期極小曲面」の例

　このようにしてできる、一部の領域をモジュールのように切り取っても、xyz 3方向すべてに「無限に連結」していくことのできる極小曲面を、三次元の**周期極小曲面**と呼び、代表的なものに、シュワルツのプリミティブ曲面、シュワルツのダイヤモンド曲面、ジャイロイド曲面の三つがあげられます(図5)。

　シュワルツのプリミティブ曲面は、先ほどのコクセターの正スポンジの面を石鹸膜で作ってなめらかにしたものということができます。一方、ジャイロイドは三次元の周期極小曲面の一種ですが、三角関数を用いて、近似的に以下の式のように示すことができます。

$$\sin(x)\cos(y) + \sin(y)\cos(z) + \sin(z)\cos(x) = 0$$

　この形状は1970年にアラン・シェーン（Alan Schoen）によって見つかった比較的新しい極小曲面で、蝶の翅や棘皮動物の骨格などの、自然界の中で軽く強度を必要とする箇所のミクロな内部充填形状にもよく見られています(図6)。

　シュワルツのプリミティブ曲面、シュワルツのダイヤモンド曲面、ジャイ

図6　3Dプリントしたジャイロイド

図7　チョコレートを3Dプリントして作ったジャイロイド（左）。分割される二つの空間に異なるフレーバーを充塡（右）。若杉亮介「Boundary Cubic」2020年[2]

ロイド曲面はいずれも、表裏がつけられて、内部空間を相互に入り組んだ二つに分割する（面の表側の空間と裏側の空間）形であることから、面白い応用が探索されています。図7はジャイロイドの形にチョコレートを3Dプリントしたものです。このチョコレート部分が歯ごたえを生み出すと同時に、二分割した空間のそれぞれに異なるフレーバーを挿入することもできます。

註

[1] Overvelde, J. T., De Jong, T. A., Shevchenko, Y., Becerra, S. A., Whitesides, G. M., Weaver, J. C. and Bertoldi, K. "A three-dimensional actuated origami-inspired transformable metamaterial with multiple degrees of freedom," *Nature Communications*, 7, March 2016, pp. 1-8.

[2] 若杉亮介「3Dプリンタを用いた新しい食感を有するフードデザインの実践」慶應義塾大学政策・メディア研究科修士論文、2020年

## 5

非周期空間充塡

角度系グリッドを描いて、タイルパターンを作ろう

◉用意するもの：紙、鉛筆、三角定規、分度器

1. 次の要領で角度系グリッドを作りましょう。

①正 n 角形を描く。

②$180°/n$（例えば $n=8$ なら、$22.5°$）の方向に沿って補助線を引いて形状を分割する。

③分割された形状に同様の操作を繰り返す。

2. このような形を、例えば「$22.5°$ 系グリッド」と呼びます。同じ形の菱形や多角形形状を探して塗りつぶしてみましょう。

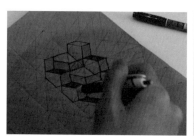 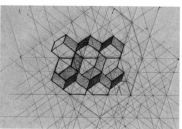

菱形とペンローズ・スタイル

　これまで、菱形十二面体や切頂八面体など周期的に繰り返しを持って空間を充填する話をしてきました。しかし、その仲間たちの中には周期性を持たずに空間を充填するものがあります。周期性を持たないというのは、パターン全体を平行移動しても重ねることができないということです。ここからは、そのような新しい仲間の**非周期タイリング**（aperiodic tiling）を紹介していきます。まずは、これを簡単に扱うため、二次元のパターンから進めていきましょう。

　2種類の菱形を考えます。すなわち、菱形1は鋭角72°、鈍角108°のもので、菱形2は鋭角36°、鈍角144°のものとします。これはすべて180°/5の倍数となっていて、菱形1は2倍と3倍、菱形2は1倍と4倍となっています。これを足し合わせて10になるように頂点を合わせると1周360°が構成されて、菱形は複雑に平面を埋め尽くし始めます。このパターンは英国の物理学者ロジャー・ペンローズ（Roger Penrose）が考案し、**ペンローズ・タイル**として知られています（図1）。正多角形を利用した二次元平面の充填の場合、多くの場合は、周期的なパターンが現れるのですが、ペンローズ・タイルでは、周期性を持ちません。

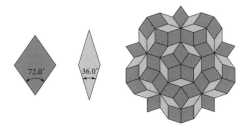

図1　ペンローズ・タイルの仕組み

組市松紋と菱形タイル

　美術家の野老朝雄が制作した東京2020オリンピック・パラリンピックエンブレムの**組市松紋**は、3種類の長方形が平面につながった紋です。よく見ると単純な繰り返しがないのにぴったり角と角がつながっていくという実に不思議な性質があります。この不思議な性質はペンローズ・タイルと似た性

質です。実は、組市松紋も菱形タイルで作られています。組市松紋では、$30°-150°$、$60°-120°$、$90°-90°$の3種類の菱形を非周期的に組み合わせたグリッド上に、それぞれの菱形に内接する長方形を描いて出来上がっています。菱形の組み方を少し変えるとそれに応じた別の紋が生まれ、とてつもなく多くの数の組み合わせがありそうです。本書カバーの図案もその幾何学で読み解いてみましょう。

　計算機を使って数え上げをした結果によると、オリンピックエンブレムは539,968の仲間、パラリンピックエンブレムは3,357,270の仲間がいることがわかっています[1]。

角度系グリッド

　非周期なタイリングは使う角度によってその複雑さも変わることがわかります。つまり、$180°/n$の角度を使ってタイルを作るとき、nが小さい自然数であるか、大きい自然数であるかによって全体の雰囲気が変わるのです。例えば、$n=3$で、$60°\,120°$の菱形タイリングではパターンを組み替えても、基本は六角形グリッドに沿っていてあまり面白いことは起きません。$n=5$あたりから面白いことが起き始めるのです。

　ここまでは、菱形を詰めるということを行っていましたが、同様の仕組みは本節冒頭の演習の操作で空間を分割することでも実現できます。正n角形を$180°/n$の角度に沿って線で分割し、どんどん細かく分割していくのです。分割によって現れる頂点すべてから再度分割するという操作を施すと、図2のようになります。単純な平面グリッドとは異なる秩序とランダムさを備えたグリッドが現れます。これを使った角度に応じて角度系グリッドと呼びます。

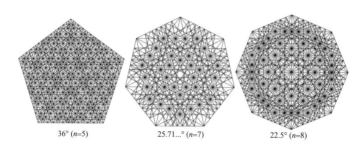

36° (n=5)　　25.71...° (n=7)　　22.5° (n=8)

図2　角度系グリッド

図3　非周期タイリング。舘知宏「折庭」(2005年)の一部

　角度系グリッドをベースとして、それを埋め尽くす基本タイルを考えてい
くと、菱形以外でも、2、3種類のタイルを使って平面を非周期に分割する
タイルを作ることができます。図3のパターンは、黒い菱形を踏み石と思え
ば周遊できる小道になります。

ゾーン多面体と非周期タイリング

　では、いよいよ立体の埋め尽くしを考えてみましょう。菱形十二面体は、
ゾーン多面体 (zonohedron) と呼ばれる多面体のうちの一種でもあります。
ゾーン多面体とは、向かい合った辺どうしがすべて平行になっている多角形
のみで構成されている立体を指し、一般には凸型のものを指します。最も基
本的なゾーン多面体は平行六面体で、任意の3種類の菱形を2枚ずつ用意し
て、向かい合わせに貼り合わせることでできる形です。もちろんこれの特殊
なものは立方体です。立方体は1点をxyz方向の単位ベクトルに沿って順に
スイープさせて作った形 (移動した軌跡) ということができます (点→x軸に
沿った線分→xy平面上の正方形→立方体) が、平行六面体は、1点を任意の
(独立な) 三つの単位ベクトルに沿って順にスイープした形として定義でき
ます。

　ゾーン多面体のうち、**等面菱形多面体** (rhombohedron) とは、面がすべ
て「同一の菱形のみ」で構成されているゾーン多面体のことです。任意の菱
形1種類で平行六面体を作ることはできますが、それ以上の多面体を1種類
で作るには特定の菱形を使う必要があり、図4の4種類があります。

菱形十二面体（白銀菱形）

菱形十二面体第2種（黄金菱形）

菱形二十面体（黄金菱形）

菱形三十面体（黄金菱形）　　図4　等面菱形多面体

　この4種類のうち、最初の菱形十二面体はそのまま空間を繰り返して充塡できるものとしてすでに紹介しました。この菱形は白銀菱形（対角線の長さの比が1:√2のもの）でできていました。また面と面の間の角度は360°/3で、一つのエッジの周りが三つずつくっついて空間を分割していました。4種類のうちの残り三つは黄金菱形（対角線の長さの比が黄金比〈1:(1+√5)/2〉でできた仲間です。この後ろの3種類は互いに関係し合っていて、どれも2種類の菱形六面体を充塡することでできることがわかっています。もちろん、この菱形六面体は同じ黄金菱形を用いた六面体です。詳しく見ていきましょう。

黄金菱形多面体分割

　黄金菱形を使ってできる平行六面体は2種類あります（図5上左）。2種類のうち、細めで尖ったほうが扁長菱面体（acute）、太めで平たいほうが扁平菱面体（obtuse）と呼ばれています。扁長菱面体は二面角が360°×2/10=72°と360°×3/10=108°となっていて、扁平菱面体は二面角が360°×1/10=36°と360°×4/10=144°でできています。

　これらの平行六面体を組み合わせると、空間を非周期的に充塡することができます。まずは、2種類を2個ずつ4個の多面体を合わせて菱形十二面体第2種ができます（図5上）。これにさらに六面体を張り合わせていくと菱形二十面体（図5下右）、さらに追加していくと菱形三十面体が現れます。この組み合

わせ方はペンローズ・タイルのように自由に変えることができて、また無限に空間を覆い尽くすこともできます。

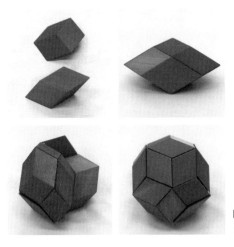

図5　菱形六面体ブロックの組み合わせ

（3Dプリント協力：ミマキエンジニアリング）

準結晶と非周期タイル

　さて、ここで99頁の結晶の話の続きがつながってきます。結晶は周期性を持った立体構造を持つのですが、これは2、3、4、6回対称にしかならないということが証明されていました。しかし、イスラエルのシェヒトマンは1984年にアルミニウム－マンガン合金をX線回折によって解析したところ、なんと5回対称の結晶構造を持っているということを発見しました。これは結晶学における大事件です。正十二面体や正二十面体は充填することができず、結晶は5回対称性を持ち得ないというのがそれまでの常識だったからです。実は、シェヒトマンが発見した構造は、周期的な多面体の充填ではなく、黄金菱形六面体の空間充填のように非周期な原子配置であったことがわかってきました。確かに菱形三十面体の構造には5回対称性があります。周期的には繰り返せませんが、非周期的に変化しながら埋め尽くすことで、全体的には5回対称の結晶のようにふるまっていた、ということだったのです。このような結晶は通常の結晶と区別して、**準結晶**（quasicrystal）と呼ばれています。準結晶の発見によって、シェヒトマンは2011年ノーベル化学賞を受賞しています。

極ゾーン多面体

　ゾーン多面体のうち、ある軸に沿って回転対称性を持った**極ゾーン多面体**（polar zonohedron）という多面体群は、やはり、同じ辺の長さの菱形のみで作られています（図6）。頂点に集まる多角形の個数がnであれば、$n(n-1)$個の菱形多角形から構成される計算になります。頂点にある菱形の角度を基本にすれば、角度を2、3、4、5倍した菱形を作っていくと、自然に構成できてしまうという面白さもあります。この形状は、ロンドンの「30 St Mary Axe」（図7）にも応用されています。

図6　極ゾーン多面体

図7　フォスター・アンド・パートナーズ ＋ARUPほか「30 St Mary Axe」2004年

平行多面体とペンタドロン

　ゾーン多面体のうち「それ単独で空間を充塡する立体」を**平行多面体**（parallelohedron）と呼び、

- 平行六面体
- 六角柱
- 切頂八面体
- 菱形十二面体
- 長菱形十二面体

の5種類があります。ほとんどが既出ですが、ここで初めて登場したのは「長菱形十二面体」になります。この形は菱形十二面体を二つに割って間に角柱を挿入した形をしていて、菱形六面体の集合で作ることができます。

さて、ここにあげた5種類の平行多面体は、結晶学者のフェドロフ(Evgraf Fedrov) が発見したものです。そこでこの五つによる空間充填は**フェドロフのブロック積み**とも呼ばれます。近年になって、この5種類の平行多面体を、鏡映関係にある雄雌の対からなる、同様の多面体だけから作ることのできる、いわば「元素」のような存在が発見されて、**ペンタドロン**と名づけられました。考案者は日本人数学者の秋山仁らです。

ペンタドロンは五面体です。ペンタドロンを12個積み上げれば、立方体となり、同様に48個で切頂八面体、144個で斜六角柱、192個で菱形十二面体、384個で長菱形十二面体が出来上がります(図8)。

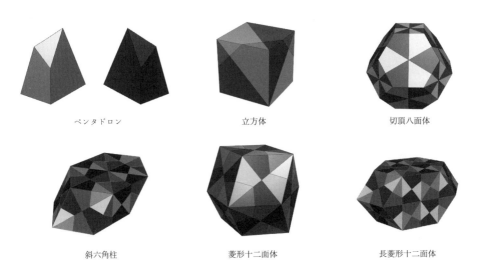

| ペンタドロン | 立方体 | 切頂八面体 |
| 斜六角柱 | 菱形十二面体 | 長菱形十二面体 |

図8　ペンタドロンとペンタドロンによる多面体

註

[1] Hamanaka, H., Horiyama, T. and Uehara, R., "On the Enumeration of Chequered Tilings in Polygons," *Bridges 2017 Conference Proceedings*, 2017.

高次元の多胞体

四次元の超立方体の投影図を、二次元平面上に描いてみよう

◉用意するもの：紙、定規、色鉛筆

1. 紙の上に点を一つ打ちます。
2. その点をまっすぐに伸ばし、直線を作ります。
3. 直線をまた別の方向に平行移動し、それぞれの頂点を結び、四角形を作ります。
4. 四角形をまた別の方向に平行移動し、それぞれの頂点を結び、立方体の二次元平行投影図を作ります。

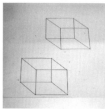

5. 立方体をさらに別の方向に平行移動し、それぞれの頂点を結びます。頂点は全部で16個になります。

6. さて出来上がった図形は、四次元超立方体の二次元平行投影です。この中には、大小、形も歪んださまざまな立方体が「八つ」隠れています。八つそれぞれの立方体の輪郭に色を付けながら抽出してみましょう。

四次元多胞体

　零次元の幾何学要素は「点」、一次元の幾何学要素は「線」、二次元の幾何学要素は「面」ですが、三次元の幾何学要素は**胞**（cell）と呼ばれます。そして、二次元の多角形が一次元の線の集積で作られ、三次元の多面体が二次元の面の集積で作られていることと同じように、四次元の**多胞体**（polytope）は三次元立体である「胞」の集積として定義されます。四次元の超多面体の各頂点座標は、四つの座標値（x, y, z, u）で定義されますが、私たちがそれを目に見えるようにするためには、三次元空間（x, y, z）に対して投影する必要があります。そうすれば、三次元の多面体の「影」が二次元平面に映り込むのと同じように、私たちは、四次元多胞体の「影」を、三次元の空間の中に写し取ってみることができるというわけです。

　三次元空間において、1種類の多面体だけを組み合わせて作られる「正多面体」が5種類あるのと同じように、四次元空間にも、1種類の胞だけを組み合わせて作られる「正多胞体」が存在します。四次元では、三次元よりも一つ多く6種（正五胞体、正八胞体、正十六胞体、正二十四胞体、正百二十胞体、正六百胞体）の正多胞体が存在しています。それぞれを三次元空間に投影した図は次のようになります（図1）。

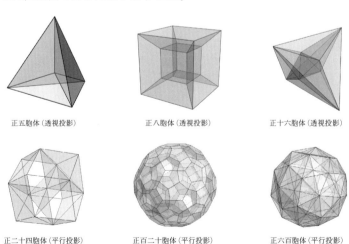

正五胞体（透視投影）　　　　正八胞体（透視投影）　　　　正十六胞体（透視投影）

正二十四胞体（平行投影）　　正百二十胞体（平行投影）　　正六百胞体（平行投影）

図1　四次元正多胞体

このうち、特に正百二十胞体と正六百胞体の二つには、本編「詰む」のテーマと深くかかわる、美しい球状のブロック積みパターンが現れます。

正百二十胞体は、三次元における正十二面体の四次元版といえる存在です。中心には正十二面体が据えられ、その一つ外側には、やや扁平な十二面体が12個互いに接するように集まり、できたくぼみにもっと扁平な十二面体が20個ぴったり収まります。さらにそのくぼみには最も扁平な十二面体（γ体）を12個置きます。こうして、中心から外側に向かって段階的に扁平になっていく正十二面体がすきまなく45個密集して、正百二十胞体が出来上がります。

同じく正六百胞体は、三次元における正二十面体の四次元版といえます。正四面体を基本としており、正百二十胞体と同じように、中心から外側に向かって段階的に扁平になっていく正二十面体がすきまなく密集して出来上がります。

四次元空間での回転に慣れる

四次元の超図形を頭の中に思い描くのは容易ではありませんが、コンピュータを使うことでインタラクティブにその感覚をつかむことが近年では可能になりました。四次元空間上で図形を「回転」させてみることで、それぞれの射影の角度に応じて、どのような三次元図形が浮かび上がってくるかを観察してみるのです。

このことは、次のようなたとえを考えてみるとつかみやすいかもしれません。仮に、二次元平面に生きている「二次元人」なる生物がいたとしたら、「二次元人」は、次元が一つ上の、三次元立体を直接認知できないことになります。「二次元人」が見ることができるのは、三次元の立体を投影して二次元平面に映り込んだ、あくまで「影」でしかありません。しかし例えば、三次元の立方体を二次元平面に投影して、くるくると回してみたとしましょう。すると、ある角度のときには正方形が、またある角度のときには長方形が、またある角度のときには正六角形が現れ、形がなめらかに変わっていきます。そうした様子を観察しながら、それらがすべて統合された状態にある「三次元立方体」というものを頭の中で考えてみることができます。

近年では、四次元空間上で図形を回転させてみることのできるウェブサイトは続々と増えていますが、ここでは以下を紹介しましょう。

WOLFRAM Demonstrations Project "Rotating a Hypercube in 4D"
https://demonstrations.wolfram.com/RotatingAHypercubeIn4D/

高次元立方体とゾーン多面体

　さて冒頭の演習で、「四次元の超立方体」の作図を行いました。(x, y, z) の三つの空間ベクトルで定義されるのが三次元の立方体、(x, y, z, u) の四つのベクトルで定義されるのが四次元の超立方体だとすれば、同じようにベクトルの次元数を増やしていけば、五次元の立方体、六次元の立方体、七次元の立方体、とさらに高次の次元における立方体を定義していくことができます。描いた形は、それぞれの軸を平面上の軸に対応させて描くので平行光線で投影させる「平行投影」の拡張となっています。

　n 次元超立方体は次のように一般化することができます。

1. n 次元超立方体は、「正 $2n$ 体」である。二次元のとき＝正方形（正四角形＝4本の線からなる）、三次元のとき＝立方体（正六面体＝六つの面からなる）、四次元のとき＝超立方体（正八胞体＝八つの立方体からなる）、五次元のとき＝五次元超立方体（10の四次元超立方体からなる）、六次元のとき＝六次元超立方体（12の五次元立方体からなる）……。

2. 次の性質を維持する。

　　頂　点　数：2^n

　　稜　　　数：${}_nC_1 2^{n-1} = n2^{n-1}$

　　四角形数：${}_nC_2 2^{n-2} = \dfrac{n(n-1)}{2} 2^{n-2}$

　　六面体数：${}_nC_3 2^{n-3} = \dfrac{n(n-1)(n-2)}{6} 2^{n-3}$

　さて、前節で紹介したように、向かい合う面が平行な多面体をゾーン多面体と呼びました。高次元立方体を三次元に平行投影した形の外殻は、何次元

立方体であろうと、必ずゾーン多面体となります。そして、高次元立方体を三次元に投影した形は、ゾーン多面体の形をしたブロックの（互いに重なり合った）集積として、置き換えることができます。例えば図2が高次元立方体の例です。

図2　高次元立方体投影によるゾーン多面体

高次元立方体グリッドの投影と非周期タイル

　さて、高次元立方体を投影することでゾーン多面体の集合となることがわかってきました。さらに高次元の立方体グリッドを考え、その投影を作ることで、さらに面白いことがわかります。といっても、いきなり高次元の話をしてもわかりにくいので、三次元の立方体グリッドを二次元に投影する話をします。図3は立方体グリッドに沿って正方形単位で構成されたひとつながりの面（多様体になっているもの）を描いたものです。この投影図（等角図）上では正方形が菱形に投影されているため、この図形は二次元的に見れば、菱形のタイリングと等しいことがわかります。

　菱形のタイル、すなわちペンローズ・タイルを筆頭とする非周期のタイリングは、多次元の立方体グリッド上の面が二次元に投影されることによって説明することができます。同様に菱形六面体の空間タイリングも、多次元の立方体グリッドから三次元空間への投影と考えることができるのです。

図3　三次元立方体グリッドの二次元投影

ゾームツールで遊ぼう

　高次元多胞体の三次元投影を、実際に手を動かして組み立て、触れながら
遊ぶために最高のツールは「ゾームツール（zometool）」でしょう（ゾーム・
システム〈zome system〉とも呼ばれます）。

　ゾームツールはノード（頂点）とストラット（線）を組み立てていくもので、
そのノードは半正多面体の一種である斜方二十・十二面体がもとになってい
ます。斜方二十・十二面体は本来、正方形の部分が長方形になっています。
一つのノードに正三角形の穴が20、長方形の穴が30、正五角形の穴が12で
合計62個の穴があり、ここに違う色のストラットをそれぞれ差し込む構造
になっています。差し込むストラットは色によって穴の形が決められており、
黄（穴の形は正三角形）、青（穴の形は長方形）、赤・緑（穴の形は正五角形）
となっています。各色のストラットには長さの比が黄金比になるよう複数種
類があります。

　このゾームツールを用いて、四次元超立体である6種類の正多胞体の三次
元投影図も構築できます（図4）。ぜひ実際に触って組み立てながら考えてみ
てください。

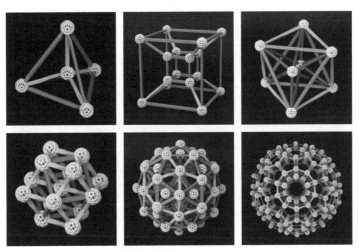

図4　ゾームツールによる四次元正多胞体

## 7

モジュールとジョイント

カスタムのモジュール玩具を作ろう

◉用意するもの：PC、3Dプリンタ、レーザーカッターなど

1. 現代の子ども向けモジュール玩具や規格品にはどんな種類があるかを調べ、観察、分析します。「使われている素材」「基本となっている幾何学図形」「ジョイント方式」という三つの観点で分類・整理するとよいでしょう。
2. 既存のモジュール玩具や規格材料（ストロー、名刺など）に適合するカスタムパーツを作り、3Dプリンタであなただけのオリジナルジョイントやブロックをデザイン・ファブリケーションしてください。

鈴木英佳＋尾崎正和「Playgon Kit」2020年

モジュールのデザイン

　ここまで、空間充填と空間分割についての数理と物理を説明してきました。ここからは「ファブリケーション」を通じて、それぞれの分割された単位の形状を実体化し、自ら新たなブロックをデザインすることを学びます。過去の「レンガ」や「石垣」を現代的にアップデートするのです。

　「詰む」ためのブロックをデザインする際に考慮しなければいけない点は、おおまかに下記があげられます。

1. ブロックそのものの制作しやすさ
2. ブロックの輸送・移動のしやすさ（大きさや重さ）
3. ブロックの接続・組み立てのしやすさ
4. 全体の構造的な安定性
5. ブロックの分解・再組み立てのしやすさ

　これら1〜5の中には「トレード・オフ」が含まれています。トレード・オフとは、工学において本質的な視点の一つで、一方の機能を追求すれば、他方の機能を犠牲にせざるを得ないという状態・関係のことです。この場合例えば、「5. ブロックの分解・再組立てのしやすさ」を重視すればするほど、一般には接続部は弱くなり、「4. 全体の構造的な安定性」が失われます。逆に、「4. 全体の構造的な安定性」を重視すればするほど、「5. ブロックの分解・再組み立てのしやすさ」は失われます。こうした特性を把握しながら、目的に合わせて、自在にブロックをデザインしていく力がいま必要とされているといえるでしょう。そこでまず、いきなり大型の「建築スケール」を考える前に、ブロック玩具について考えるところから始めましょう。

ブロック玩具とは

　子どものころにブロック玩具で遊んだことのない人はいないのではないでしょうか。大人になればそうした遊びからは離れていくものですが、たまにはまたおもちゃ屋さんに出かけてみるのもよいでしょう。きっと、あなたが

子どもだったころに比べて、ずいぶんと種類が増えていることに驚かれることと思います。選択肢が増えたので、見るのも選ぶのもひと苦労かもしれません。

　種類は増えてはいますが、逆に言えば、それらをよく観察することで、どんなブロック玩具にも共通した要素が確立されている様子も見えてきます（図1）。手に持ちやすく、ただし口には入れにくいような適切なサイズに規格化されていること、そして安全な材料、形状の検討が行われていること、幾何学を身体的に学べるようになっていること、などがブロック玩具をデザインする際の基本条件としてあげられます。

　ブロックで遊ぶことの一番の面白さは、たとえ手のひらに載るくらいの小さなブロックであっても、組み立てていけば、自分の身体より大きなものまで、理論上どこまでも拡張し続けられることにあります。また、一度組み立てたものを分解してばらばらに戻せば、片づけることができ、何度でも試行錯誤してやり直すことさえできます。

　こうしたブロック遊びの特徴は、あらかじめ決められた位置・角度でなければ他のブロックとつながらないように決められた「ジョイント」が組み込まれていることに支えられています。もし接着剤でブロックを取り付けていくとしたら、組み立てていくなかで、だんだんずれていったり曲がっていったりする「エラー」が生じます。ジョイントが付随しているという制約が、こうしたエラーを未然に除外し、別の自由を生んでいるのです。

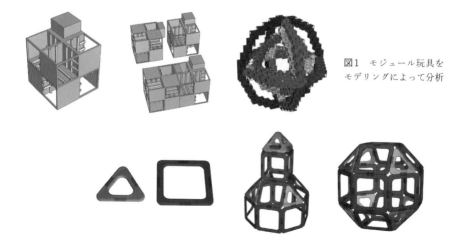

図1　モジュール玩具を
モデリングによって分析

おそらく世界で最も有名な玩具ブロック、「レゴ」の原型が作られたのは1949年のことですが、当時のレゴは「自動結合ブロック（Automatic Binding Bricks）」と名づけられていました。ここでいう「自動」は、人間が関与しなくても機械が勝手に組み立ててくれるという、現代よく使われる意味での「自動」とは違い、少しくらいずれていても、押し込んでいけばおのずと位置合わせと調整が行われる、という意味で使われる「自動」でした。いまではこうした機能は「自律的な調節（self-alignment）」と呼ばれるほうが一般的です。

詰むブロック（ソリッド）

　レゴのようにボリュームをつなぎ合わせるブロックは、ピースどうしがはめ込まれると互いの位置関係が完全に固定されます。剛体の位置関係はxyz方向の平行移動とxyz方向の回転の6種類の自由度がありますが、それらの自由度が6種固定されるジョイント形式を持っています。このようなブロックは空間充填する性質を持つ必要があります。もちろんレゴは立方体（直方体）が空間を充填するという性質を使ってそれら立体の結合体をパーツとしているのです。

　レゴは優れたブロックですが、基本的に下から上へと積み重ねていくだけであり、前後・左右・上下といった三次元空間のすべての方向に向かって等価に結合させていくことはできないという限界も感じられます。そこで現代では、その弱点を克服したブロックを考案することが求められています。

　また、ジョイントが固定される他の玩具もこの直交格子をベースとしているものがほとんどです。ここまで読んだ方は、他の充填立体を使ってブロックは作れないか？と発想されたのではないでしょうか。

折るブロック（サーフェス）

　「ポリドロン」（図2）や「マグ・フォーマー」といったブロック玩具は、ピースどうしがはめ込まれたときに1自由度の回転自由度が残ります。それぞれが多角形形状をしているので面と面の間が折られるのです。このように見ると、こ

のブロックは「折る」ブロックとみなせま
す。実際ポリドロンのブロックをうまく組
み合わせれば、折紙を作ることができます。
　互いにつないで閉じていくと最終的には
互いの位置が定まって最後はやはり動かな
くなります。こうなると閉じた形を一つの
ブロックと考えて「詰む」のアイディアを
適用していくこともできます。

図2　4色11種類の幾何学的な形をは
め合わせて造形できる「ポリドロン」
（Polydron ポリドロンは、英国Polydron
International社の登録商標です）

図3　ゾームツールのジョイント

フレーム（ワイヤフレーム）

　ゾームツールは、半正多面体の一種である
斜方二十・十二面体をもとにしたジョイント
を持っていて、その面に線材を差し込む仕組
みのフレーム構造を作ることができます(図3)。
すでに見たように、ジョイントは作られるト
ラスの双対構造が入っています。斜方二
十・十二面体はパッキングしませんが、一部
の面の組のみを取り出した外接多面体を作るとうまいことパッキングします。
このパッキングはその双対フレームがうまくつながる仕組みとなっているの
です。これによってジョイントが多様なつなぎ方を許すため、菱形六面体の
空間充填や正十二面体・二十面体の対称性を持ったさまざまな組み合わせが
可能です。これは非常によく考えられたジョイントの例です。

カスタムジョイントの可能性

　ブロック玩具は、あらかじめ決められた位置・角度でなければ他のブロッ
クとつながらないような「ジョイント」が付随しており、それが接続関係を
局所的に制約し、決定しています。それが、全体として破綻しないことを
「保証」してくれているわけです。しかし逆に言えば、システムとして「閉
じて（完結して）」しまっているために、他のシステムとの互換性が失われて

います。これをブロック玩具の短所であるということもできるでしょう。具体的には、異なるメーカーのブロックどうしをつなぎ合わせて遊ぶことができないのです。また、特殊な用途で1回限りしか使わないブロックや、個人的に欲しい機能を実現するブロックを得ることは既製品ではできないものです。

そこで3Dプリンタと組み合わせることで、この短所を補完できるのではないかと考える人が出てくるのは必然です。最近になって、3Dプリンタを使って、異なるメーカーのブロックをつなげる新たな「ジョイント」を開発しようという人びとが現れています。「Free Universal Construction Kit」は、3Dプリンタ用のデータが公開されており、誰でも作ることができます（図4）。みなさんの手元に、もし3Dプリンタがあれば、ぜひダウンロードして出力してみてください。そして、異なるブロックどうしを接続する新たなジョイントを発明してみてください。

図4　Golan Levin（F.A.T. Lab）and Shawn Sims（Sy-Lab）「Free Universal Construction Kit」
2012年（Courtesy F.A.T. Lab and Sy-Lab）

ジョイントの設計

ブロック玩具を結合する場合、そのジョイント部の設計は意外に難しいパートとして現れます。実は日本の木造建築のなかで培われてきた、「仕口」「継手」はそのヒントとなるかもしれません。方向の異なる材をつなぐ場合

「仕口」、同じ方向につなぐ場合「継手」という用語が使われます。図5に伝統的な木材の仕口と継手を示します。

　ジョイントや継手、仕口を自分で作ってみると、差し込んだ状態で安定することが実は非常に難しい課題であることに気づきます。モノの製造には精度があり、ギリギリに作ると差し込めず、遊びを加えすぎるとゆるくなってしまいます。そこで、安定させるためには、部分的にあえて弾性変形し、互いに力を掛け合った状態でカチッとはまるジョイントを作るのがコツであることがわかります。レゴもよく見るとジョイント部分が薄い壁でできていて弾性変形できる工夫がしてあります。ポリドロンのようなカチッとはまる玩具も、はめ込むときに曲がるようにスリットが仕込まれていることがわかります。

図5　木造建築において培われてきた仕口や継手。金崎健治「Japanese Wood Joint」2013年[1]

規格品を使う

　既存の規格品と合うようなジョイントを3Dプリンタでカスタムに制作することもできます。図6は菱形十二面体ベースのジョイントで、市販のストローにつなぎ合わせてオクテットトラスを作ったものです。なお、ストロー用のジョイントではストロー側が少し変形することで、「ピタッ」とはまることを担保しています。ストローが差し込まれる部分の断面はストローの内寸の円形から、周長を保ったまま菱形十二面体に連続変形する形になってい

て、差し込むことでストローの断面が変形します。これによって刺さったストローが抜けにくい仕組みとなっています。

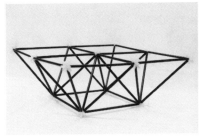

図6　ストローのオクテットトラス（左）。3Dプリントしたストロー用のジョイント（右）

平面から作るジョイント

　カスタムのパーツは3Dプリントするだけではなく、平面材から加工して作ることもできます。平面材の加工に使う道具としては、カッティングプロッター、レーザーカッターがあります。カッティングプロッターは、カッターを平面の図形に沿って動かし、シート材料を切り出すものです。レーザーカッターとは、CO_2レーザーを1点に照射させて板材を焼き切り、その焦点をxy平面にデータに沿って動かしていくことで、平面的な形を切り抜くことのできる機械です。これらの機械のよい点の一つは、加工が高速であることです。自分で好きな量だけ作ることができます。逆に弱点は、基本的に二次元の（厚みを持った）板材しか使うことができない点です。3Dプリンタのようには自由な形状ができないため、設計上の工夫が必要になります。

　レーザーカッターであれば、木の板からアクリルまで、いろいろな板材を切ることができますが、ブロックを作る場合には、接合部に適度な摩擦や弾力性がある材料のほうが適しています。特に、値段のことを考えれば、段ボールが好ましいでしょう。

スリットで組み合わせる「GIK」

　平面から作れるブロック形状の一つに「GIK（Great Invention Kit）」と

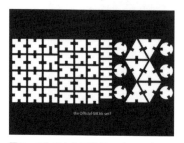

図7　二次元から三次元のパーツが
構成できる「GIK」

図8　GIKを用いて組み立てた椅子。
金崎健治「GIK Chair」

いうものがあります。材の厚みと同じ
幅を持ったスリットを互いにかみ合わ
せることで、前後・左右・上下といっ
た三次元空間のすべての方向に向かっ
て等価に結合できます(図7)。

　すでに述べた通り、ブロック玩具は、
簡単かつ高速に形状を組み立て、また
ばらばらにして何度でもやり直すこと
ができるという特徴の一方、強度や耐
久性が弱いというトレード・オフがあ
ります。GIKで椅子のように大きい
立体を組み立てると(図8)、大きさも
形状も十分実用サイズのものは作れる
のですが、ブロック間の接続が十分で
ないために壊れやすく、材料自体のも
ろさの影響が出て、実際には座ること
ができません。その意味で、プロトタ
イピング(試作)には役立ちますが、
プロダクト(実用品)には達していな
いといえるでしょう。

　実用に耐えるような拡張として、段
ボールや木材だけではなく、金属まで
含めて多様な材料をそろえ、かつボル
トとナットで丈夫に締め付けることが
できるようにしたTGK(Topological
Grid Kit)が慶應義塾大学SFC松川昌
平研究室で開発されています(図9)。
もちろん、あとから取り外して分解す
ることもできます。このキットで作ら
れた家具は、実際に使える性能があり
ます。

図9 慶應義塾大学松川研究室「TGK（Topological Grid Kit）」2013年

平面から立体ブロックを構成する「Bloxes」

　二次元の板材から、ある体積を持った三次元的な多面体（ソリッド）を構成することもできます。レーザーカッターで加工した板材を折ったり組んだりして、三次元立体を構成することを考えます。レーザーカッターで段ボールから6枚のパーツを切り出し、その六つの面を相互に組み合わせることで一つの「立方体」を構成する「Bloxes」と呼ばれるブロックがあります（図10）。比較的大きな空間を、短時間で構成することができるため実用性もあります。空間を広く仕切るような、例えば「塀」のようなものに向いているようです。いうまでもなく、Bloxesが作り出す空間充填は、幾何学でいえば「立方体」を基本としたものに相当します。

図10 エイザ・ラスキンらによる立体ブロック「Bloxes」

リキスツール：正六角柱で空間充塡

　三次元の空間をすきまなく充塡する形状は立方体にもたくさんあることは述べました。正六角柱で充塡できる「椅子」を考えた人がいます。段ボールを切ったパーツを組み合わせて、実際に人が座ることもできるほどの強度を確保した「リキスツール」という椅子で、デザイナーの渡辺力がデザインしたものです（図11）。ここからさらに、Bloxesのようにジョイントの工夫を加え、複数の正六角柱を組み立てていけるよう発展させることもできるでしょう。

　さらに近年では、椅子としての性能（座りやすさ）を高めるための派生形もたくさん生まれています。ただし、例えば傾けたり、背もたれを付けたりするなど、「椅子」としての座りやすさを追求すればするほど、空間充塡できるという数理的な特徴を失ってしまうものがほとんどなので、ここにもトレード・オフが見られるのです。「椅子として求められるさらによい機能を満たしながら」、「空間を充塡して積み上げていくこともできる」ブロックを、ぜひあなたも考案してみてください。

図11　渡辺力「リキスツール」

註

[1] 金崎健治「Wood Joinery System」慶應義塾大学環境情報学部卒業論文、2011年。

## 8

3Dプリンティング

物の中身を見てみよう

◉用意するもの：スポンジ、段ボール、断熱材、食べ物など、身の回りのもの

1. 私たちの身の回りにあるものが
   どのように成り立っているのか、
   その中身を観察してみましょう。
   例えば、スポンジの断面はどう
   なっているでしょう。

2. コンピュータで断層が撮影できるCTスキャナを使うと、より精密に
   観察できます。ここでは、はんぺんとおにぎりのスキャン画像を紹
   介しましょう。

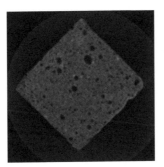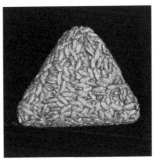

積層造形の分類

「3Dプリンタ」という言葉は、2013年ごろを境に一般にも広く知られるようになりました。3Dプリンタという用語は俗称であって、学術的にはAdditive Manufacturingと呼ばれます。日本語では**付加製造**あるいは**積層造形**が対応する翻訳語とされます。「付加」とは材料をくっつけていくこと、「積層」とは重力とは反対方向に下から上に向かって、層（厚みのある面）を積み重ねていくという意味です。

ここでは、3Dプリンタを単なる道具として見るだけでなく、その仕組みまで含めて知ることで、「層を詰む」というプロセスについて考えてみましょう。

3Dプリントの方式は1種類ではありません。粉末を固めていく方式、液体を硬化させていく方式、樹脂を塗り重ねていく方式などいくつかの方法があり、どれにも一長一短が存在します。以下に、3Dプリンタの代表的な製造法式を三つだけイラストで紹介します。ここでは、基本材料が固体から出発するもの（**熱溶解積層法**〈FFF〉）、粉体から出発するもの（**粉末焼結法**〈SLS〉）、液体から出発するもの（**光造形法**〈SLA〉）と、材料の状態に応じた区分としていますが、ISOによれば全部で7種類の方式があるとされています。

熱溶解積層法（FFF）

熱溶解積層法（FFF：Fused Filament Fabrication）は固体である熱可塑性樹脂の粒（ペレット）や棒（フィラメント）を高温で溶かし、糸状の細い線材として積層させることで立体形状を作成する方法です（図1）。個人でも最も使いやすい方式として普及しています。基本的には三次元構造を水平な平面群で切断した断面を作り、その断面をさらに曲線のパスで埋め尽くすという2段階の埋め尽くしで中身のある立体を作るのが一般的です。3Dプリンタを制御するソフトウェアでは、立体形状を平面で切り、その平面をパスで埋め尽くし、そのパスを3Dプリンタのノズルの座標とノズルから出る材料の流量といった機械をコントロールする制御シークエンスに置き換えます。一般にはこのように、作りたい形状から機械の制御シークエンスに置き換えるシ

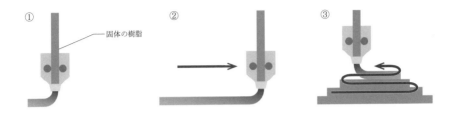

図1　熱溶解積層法

ステムをCAMといいますが、3DプリンタのCAMは特に断面をスライスすることから「スライサー」とも呼ばれます。

　当然、詰み上げていくので下に何もない部分は詰み上げることはできません。実際は1レイヤーごとに樹脂の幅程度であればせり出すことができますが、このせり出し部分（オーバーハング）の角度には限界があります。下に何もない部分を印刷するときは、材料を載せるための足場を組み立ててやる必要があります。この足場のことを「サポート」と呼び、本体と一緒に印刷することになります。サポートをいかに構造的に安定しつつ、あとで取り外せるようにするかが熱溶解積層法の肝で、3Dプリンタのスライサーの腕の見せどころになります。

　あえて水平面でのスライスをせず、ノズルの位置をダイレクトに三次元空間上でコントロールすれば、ワイヤフレームを直接作ることもできます。ただし、ヘッド位置がすでに印刷した部分にぶつからないという条件は必要で、おおまかには高さ方向に積層していく考え方に沿う必要があります。

粉末焼結法（SLS）

　粉末焼結法（SLS：Selective Laser Sintering）は、高出力のレーザー光線を粉末状の材料に照射し焼結させる造形方式です（図2）。個体の粉末を融点よりも低い温度で加熱すると固まるという原理を用いています。ナイロンなどの樹脂系材料から、銅、青銅、チタン、ニッケルなどの金属系の材料まで使用できます。レーザー光をレンズ等で集光して1点に集めることで熱エネ

ルギーを局所的に与えられます。この点を平面上で動かし線を作り、さらに線で面を埋め尽くし、粉末をさらに少しずつ積層させることで立体を作っていきます。粉に包まれた状態でプリントできるため、焼結していない粉がサポートになるのが特徴で、ほぼあらゆる形を作ることができます。マーカス・カイザー（Marcus Kayser）による「Solar Sinter」というプロジェクトでは太陽光をフレネルレンズで集光し、砂漠の砂で3Dプリントする手法が試みられています。材料を現地で調達できれば月面や火星に居住スペースを作る、という可能性にもつながるのです。

　焼結によらず、糊をインクとして印刷して石こうの粉などを固める方法もあります。この場合立体物に着色をすることもできます。これは粉末接着法（BJ）と呼ばれます。

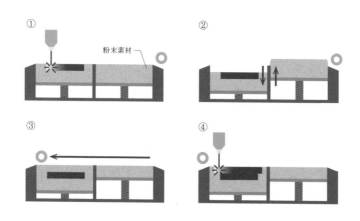

図2　粉末焼結法

光造形法（SLA）

　液体状の光硬化性樹脂に紫外線を照射し、硬化させる方式です(図3)。光硬化性樹脂を満たした槽に紫外線レーザー光を照射させ、それを移動させることでパターンを作ります。1層を作ると、その造形ステージを1層分下げ、次の層へと進みます。それを幾層も積み上げることで造形を行っていきます。最も古い3Dプリントの方式で、「Stereo Lithography」を直訳すれば立体印刷となります。レーザー光の制御で形状の輪郭が精度よく作れることが特徴

です。単一材料でしかできないため、サポートの生成が難点です。

　一方で、光造形を逆転した考え方として、照射側でパターンを作るのではなく、光硬化樹脂をインクジェットプリンタに組み合わせて印刷側でパターンを作る方法「マテリアル・ジェッティング（MJ）」も使われています。マテリアル・ジェッティング方式では、かたさや物性が異なる樹脂をグラデーションにすることも、水に溶けやすいサポート用のインクで微細構造を作ることもできます。

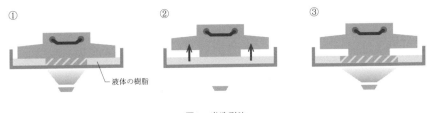

図3　光造形法

3Dプリンティングにおけるインフィル・パターン

　熱溶解積層法3Dプリンタ（FFF）で物を作るときの様子を観察してみましょう。実は中身の詰まったソリッドを印刷する場合でも、材料の節約、全体の重量を抑えること、印刷のスピードの観点から内部に多少の空隙を設ける設定がデフォルトとなっているのがわかります。このように立体の内部を幾何学パターンで分割していく内部構造を「インフィル」と呼び、3Dプリンタ付属のソフトウェア（スライサー）によって生成することができます。代表的な幾何学パターンには、「ハニカム」(図4)や「グリッド」があります。中身の材をどのくらい詰めるかの割合を**インフィル率**といい、これを操作することで、材料を密に詰め込むことから、粗にして空隙を残すことまで自由に行えます。3Dプリンタは層を縦に積み重ねていく方法で造形するので、このインフィルの形はもっと自由に考えられるはずです。例えば、これまでで学んできた「切頂八面体の薄い面」「オクテットトラスのフレーム」「ジャイロイド曲面」などを使っても、軽くて非常に強い素材が作れるはずです。

図4　ハニカム構造で内部充填された3Dプリントキューブ

機械的メタマテリアル

　内部構造を自由に形作ることができるならば、材料を単に軽量化するだけではなく、かたさややわらかさを制御したり、光や風、水などが通り抜けるようなパターンを施したりと、従来のブロックではできなかったような可能性も広がっています。このようにパターン化された三次元構造によって、特に新しい材料特性を得た材料を「アーキテクテッド・マテリアル（architected material）」とか機械的メタマテリアル（mechanical metamaterial）と呼ぶことがあります。

負のポアソン比をつくる

　機械的メタマテリアルを作り出すには、変形できる繰り返しメカニズムに着目することが肝心です。前編「折る」でも繰り返し参照されているロン・レッシュは1970年代にこのようなタイリングするメカニズムをたくさん生み出しています。図5は最もシンプルな四角形タイルをつないで作った構造ですが、穴部分の四角形が菱形にせん断変形することでつぶれていきます。この変形に伴って全体形状はx方向にもy方向にも同時に広がります。では、このような形状を細かく3Dプリントして一つのスポンジ状の材料だとみなすと、どんな特性があるでしょうか？

　普通の材料を縦に引き延ばすと、横方向には縮んで細くなります。逆に押しつぶすと横方向にはらみだします。このはらみだす歪みの縦方向の歪みに対する比を**ポアソン比**といい、通常の材料は0〜0.5の値をとります。実は、上記

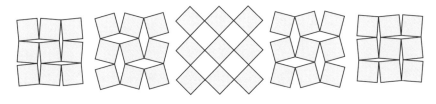

図5　四角形タイルが角で接続して回転展開するパターン。レッシュによる

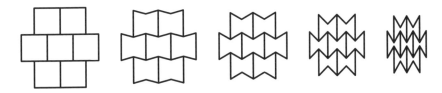

図6　リエントラント・ハニカムの挙動

図7　3Dプリントされたリエントラント・ハニカム。曲げに対しても、ガウス曲率正のドーム形
の曲面を作るのが特徴（通常の材料はガウス曲率が負の鞍形曲面に変形する）

　のメカニズムを印刷した材料は下に押しつぶすと横も縮み、上に引っ張ると横
も拡張します。つまり、この材料はポアソン比が負になるのです（理想的には
－1）。ポアソン比が負であることを**オーゼティック**（auxetic）と呼びます。
　オーゼティックな挙動を示すパターンはほかにもたくさんあります。面白
いのはオーゼティックな性質を持つものは、凸ではなく凹な形の繰り返しパ
ターンから多く見出すことができるということです。例えば有名なものとし
て、凹な六角形のパターンでハニカムを作った**リエントラント・ハニカム**
（reentrant honeycomb）構造がオーゼティックな材料です（図6・7）。

負のポアソン比を応用したデザイン

オーゼティックなパターンを実際のデザインに応用するものとして、慶應義塾大学の江口壮哉・矢崎友佳子・有田悠作・加藤陸らは、空気を使わないバランスチェアなどを開発しています（図8）。また久保木仁美らは、形状記憶樹脂を用いてビルの壁面に埋め込むパターンを制作しました（図9）。夏になって温度が30℃以上になると、材料がやわらかくなり、風の力で自然と切れ込みが開き、内部に風を呼び込みます。また、秋になって温度が下がれば、形状記憶の機能で、自動的に閉じ、風を防ぎます。風による開きやすさを検討するために、8種類のオーゼティック・パターンが試験されました。

左：図8　オーゼティックなパターンを用いたバランスチェア。江口壮哉・矢崎友佳子・有田悠作・加藤陸・田中浩也「Airless Balance-Ball Chair」2019年 [1] [2]
右：図9　久保木仁美・田中浩也「Breathing Façade」2019年 [3] [4]

註

[1] Eguchi, S., Yazaki, Y., Kato, R., Arita, Y., Moriya, T. and Tanaka, H. "Proto-Chair: Posture-Sensing Smart Furniture with 3D-Printed Auxetics," *Extended Abstracts of the 2020 CHI Conference on Human Factors in Computing Systems.*

[2] 江口壮哉「オーゼティックパターンを用いた 多段階変形のための 3D プリント手法の提案」慶應義塾大学総合政策学部卒業論文、2020年。

[3] 久保木仁美「4D Printing を用いた課題解決型ビジョンデザイン」慶應義塾大学環境情報学部卒業論文、2020年

[4] 久保木仁美、田中浩也、大野定俊、杉田敬太郎、髙柳菜穂、中島奈央子、湯浅亮平、中谷雄俊「Auxetic Pattern を用いた環境呼応パネルの提案」Conference on 4D and Functional Fabrication 2019, 2019年

## 9

3Dアセンブリ

量産して詰んでみよう

◉用意するもの：3Dプリンタ、3Dデータ

1. 空間充填する多面体を3Dプリントして量産してみましょう。3Dデータ共有サイト「Thingiverse」などで多面体の名前（cube, hexagonal prism, triangular prism, truncated octahedron, rhombic dodecahedron, elongated rhombic dodecahedron）などと検索して、充填できる多面体を印刷してみましょう。平面にたくさん並べると一度にたくさんプリントできます。

2. これまでに登場した充填多面体の複数種類を作って、詰む実験をします。まず立体配置を確認しながら、1層目を並べてみましょう。次に、2層目、3層目を並べてみましょう。

（3Dプリント協力：ミマキエンジニアリング）

3. 配置がわかったら、同じ操作を繰り返してみてください。1層目と、2、3層目で詰みやすさが違うでしょうか？　多面体の種類によってその詰みやすさ、ずれやすさ、崩れやすさなどがどう変わるかを調べてみましょう。

詰みやすさ

　空間を充填するモジュールができたら、それを使うときには最後に「組み上げる」「詰み上げる」作業を行うことになります。詰み上げ作業をする段になって、同じように空間充填可能な図形であっても、実体化されたブロックの詰みやすさが異なることがわかります。詰みやすさの観点から四つの要素を定性的に評価したものが表1です。ここで評価に使った四つの要素とは、**自己整列性**（self-alignment）、**回転・反転時の不変性**（rotation/flip invariance）、**相互結合性**（inter locking）、**並べた場合の面の平滑性**（smoothness of the surface）です。この四つの変数から、ブロックの「詰み上げやすさ」を改めて考えてみましょう。

		自己整列性	回転・反転時の不変性	相互結合性	並べた場合の面の平滑性
正六面体		△	◎	△	△
切頂十二面体		◎	○	◎	◎
菱形十二面体		○	◎	◎	○
三角柱		△	○	△	△
六角柱		△	○	○	△

表1　詰みやすさの4要素の評価[1]

　自己整列性とは、ブロックを詰み重ねていく際にうまく位置がそろいやすいかどうかを表します。切頂八面体と菱形十二面体の場合は、ブロックを詰み上げようとする場合に、一つ下の層によって作り出された「くぼみ」へ、次の層がうまく誘導されてぴったりと収まることから、他の多面体に比べて自己整列性が高いと判断されます。また、全体的に角張っている菱形十二面体よりも、丸みを帯びた形状である切頂八面体は、さらにスムーズに正しい位置までなめらかに誘導されやすいため、優れていると判断されます。一方で、立方体や柱体は、1層並べたところで平面を作ってしまい、次のブロックの位置をそろえることができなくなってしまいます。

　回転・反転時の不変性とは、ブロックの回転や反転によって、空間を充填

する際の操作が煩雑になるかどうかの意味です。すべての面が合同である立方体や菱形十二面体は、向きが変わっても同じように使用できます。一方で、切頂八面体は正方形と正六角形の2種類から構成されているため、方向性を合わせる作業をより厳密に行わなければなりません。

　相互結合性は、詰み重ねていった場合の全体の「崩れにくさ」を意味しています。切頂八面体と菱形十二面体は、形状どうしが互いに支え合って全体の形状を維持しようとします。正六角形も、二次元での充填であれば、ハチの巣のハニカム構造のように、互いにずれにくくはまりますが、三次元空間を充填する場合には、立方体や正三角柱と同様、層の間でずれていく挙動を止めることができません。

　並べた場合の平滑性は、充填して作られた造形物表面のなめらかさを意味しています。例えば「球」のような形状を近似的に表現する場合に、角張った頂点がなるべく表面に現れずになめらかに近い表現となるかを判断します。切頂八面体と菱形十二面体は、上下左右だけでなく、斜め上と斜め下方向へも充填可能であることから、その点で有利です。さらに、角張った形状である菱形十二面体に比べると、丸みを帯びている切頂八面体のほうがさらになめらかな表現に近いといえます。

ロボットで詰む

　特に、大規模なものをブロックで作っていくためには、モジュールを手で組むだけではなく、「ブロックを詰み上げる」ことにもデジタル工作機器を使うことを考えるのが妥当でしょう。ここで想定されるのは、ロボットアームの活用です。人間はブロックを組んだり詰んだりするとき、触覚を手掛かりに、はまりぐあいや整いぐあいを感じながら微妙に力をコントロールすることができますが、現在市場に出回っている産業用のロボットアームでは繊細なコントロールはできません。そこで、先に述べた物理的な組み立てやすさは重要な要素です。

　ここでは、立方体のように自己整列のできないブロックよりも、切頂八面体や菱形十二面体のような形を基本としたモジュールを使うほうが、コンピュテーショナルなアセンブリには有利であると考えられます。

関島と田中は、切頂八面体のブロックを詰み重ねていくロボットアセンブリのシステムを開発しました[1]。ジョイント部は磁石になっており、自由に付け替えることができるほか、分解もすることができるようになっています。なお、磁石でブロックどうしがくっつく仕組みを考えるには、極性を考える必要があります。N極とS極の方向を決めてブロックを作成した場合は、見た目は対称性があっても、実際には方向性が生まれますので、回転・反転時の不変性が落ちることになります。ジョイント部分が自由に回転することで隣どうしが勝手にそろうような仕組みのある、より複雑なブロックを使えば回転・反転時の不変性を高めることができます（図1〜3）。

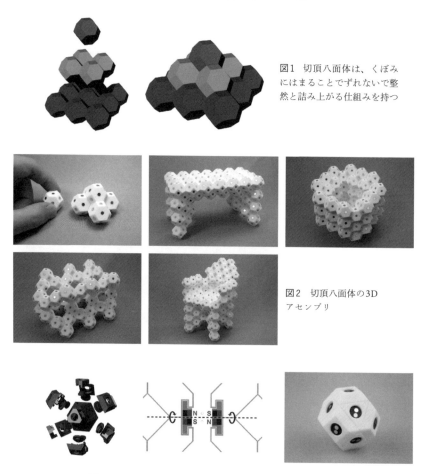

図1　切頂八面体は、くぼみにはまることでずれないで整然と詰み上がる仕組みを持つ

図2　切頂八面体の3Dアセンブリ

図3　一つのブロックの内部に回転する磁石を埋め込んだユニット

アセンブリ・ロボット

3Dプリンタのヘッドを、ロボットアームなどの先端部にもよく使われる、ブロックを運ぶための「グリップ」に付け替えれば、比較的簡単に「3Dアセンブラ」を作ることができます。慶應義塾大学田中研究室で運用している、高さ約2m50㎝の3Dプリンタ「ArchiFab」も、こうしたことに対応できる汎用的な3D装置です（図4・5）。この3Dプリンタは「デルタ式」と呼ばれており、3本の高い柱に取り付けられたアームが動くため、柱を高くすればより大きな3Dプリンタを構成することもできます。また、簡単に分解、組み立てができることも特徴です。

図4 「ArchiFab」
共同開発：慶應義塾
大学田中浩也研究室
＋竹中工務店

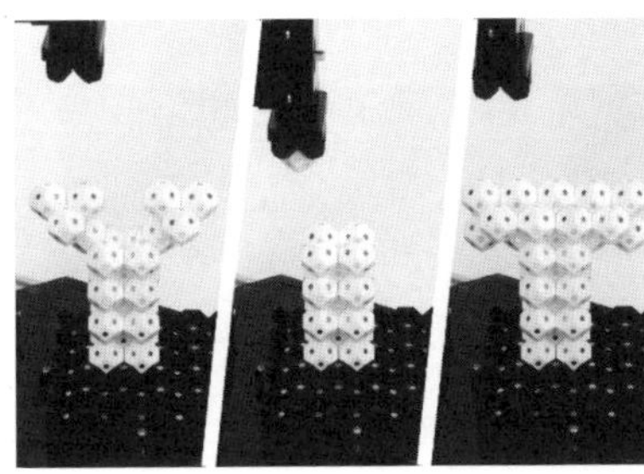

図5 切頂八面体ブロックの詰み上げ

もっと大きいものを作る

イタリアで作られている「BigDeltaWASP」という3Dプリンタは、高さ12mです（図6）。コンクリートやセラミックを出力でき、極地建築や災害支援の建築に応用することを念頭に開発が続けられているプロジェクトですが、同じようにヘッド部を交換すれば、3Dアセンブラとして利用できるでしょう。

現在慶応義塾大学でも、30mの立体の範囲をカバーする世界最大サイズの3Dプリンタ「ArchiFAB NIWA」の開発が進んでいます（図7）。これも、3Dプリンタとしての使い方だけではなく、ブロックを運んだり、組み立てたりする使い方も可能です。

ドローンを使って建築を詰み上げていく方法もスイスのチューリッヒ工科大学（ETH）で研究されています（図8）。この詰み上げ実験では、人間が詰み上げていた行為をドローンで代替するのではなく、むしろ、人間には絶対に

不可能だったような、「一つずつのブロックが、違う角度・違う間隔・違う向きで複雑に詰み上げられていく」ことが目指されています。その結果、有機的な曲面の外観と、光を通す多孔質な構造体が現れています。

図6　WASP社が開発した3Dプリンタ
「BigDeltaWASP」2014年　©WASPphotos

図7　高さ30mに対応する3Dプリンタ
「ArchiFAB NIWA」

図8　ドローンによるアセンブリ。Gramazio & Kohler and Raffaello D'Andrea in cooperation with ETH Zurich「Flight Assembled Architecture」2011-2012年
©François Lauginie

セルフアセンブリ

　さらに発展的なアセンブリの方法として、多数の「ブロック」が置かれた場の全体に対して、振動など外部からのエネルギーを与えて、ブロックが自律的に接続されていくという仕組みを探求している例もあります。構成要素による局所的な相互作用によって自律的に秩序を形成する現象のことは**自己組織化**と呼ばれます。われわれは、自己組織化のうち特に熱的に安定した構造を形成するといったように、静的な秩序化に向かって進行するものを**セルフアセンブリ**と名づけています。

　図9に示したのは、磁石が埋め込まれた立方体状のブロックです。これらには、あらかじめそれぞれに個別の「突起」のパターンが付けられており、それぞれ突起どうしがぴったりとはまって接続できる「相手」は、一つだけしかないように設計されています。こうして作っておいたブロックをシャー

レのような容器に入れ、外部から振動を与えると、徐々にブロックどうしが結合し始め、最終的には安定状態に達します。このような方法を使うと、特定の形に組み合わさるように各ブロックをプログラムすることができます。例えば、アルファベットや数字に自己組織化されます。

　なお、こうしたセルフアセンブリをさらに「三次元の立体を構成する」ことを目指して研究をしているのがマサチューセッツ工科大学（MIT）のスカイラー・ティビッツ（Skylar Tibbits）が率いる「Self-Assembly Lab」です。上記の例と同様に容器に入れて振動させることで、ばらばらのピースから、多面体を構成する実験などがすでに行われています。彼らのウェブページには、さまざまな素材、環境、形状、エネルギーを用いたセルフアセンブリのプロジェクトが掲載されていますので、ぜひ参考にしてみてください。

図9　セルフアセンブリするモジュール（左）。プログラムされたパターンにアセンブルする（中央・右）。升森敦士「2D Shape Construction by Self Assembly Process」2012年[2]

註

[1] 関島慶太「Fab3.0 素材のデジタル化へ向けて——Kelvin Block の組立分解による三次元造形システムの開発」慶應義塾大学政策・メディア研究科修士論文、2016年。

[2] 升森敦士「セルフアセンブリシステムにおける"形の計算"の実験的考察」慶應義塾大学環境情報学部卒業論文、2013年。

本編「詰む」で学んだ幾何学を活かして、これまでになかった新ジャンルのデザインプロダクトを設計してください。

「Fabrick Beehive」2015年

益山詠夢＋安井智宏・立川博行・對馬尚（慶應義塾大学田中浩也研究室）＋大川悠奈

ビルの屋上をパブリックに「養蜂」を行う場所として再利用するため、3Dプリントしたモジュールを組み合わせたパビリオンをデザインした。ジャイロイド構造体を変形させて組み合わせることにより、光と風が抜け、水が流れる設計になっており、孔にはラベンダーの花を植えることもできる。3Dプリンタの積層痕（層と層の間の段差）は滑り止めとして機能し、蜂が垂直面にはりつきやすくもなっている。

「コオロギのためのコロニー」2017年

オオニシタクヤ＋energy design program（慶應義塾大学オオニシタクヤ研究会・高橋祐亮・大井裕貴）

将来の大規模な食糧危機に備え、コオロギによる良質かつ環境負荷の低い動物性たんぱく質を大量生産するためのデザイン。コオロギの効率的で快適な密度居住空間を実現するため、居住、移動の両方を満たす均一空間として、空間充塡立体のフレーム構造を採用することになった。代表的な空間充塡は「立方体」であるが、水平方向の移動は落下のリスクがあり、垂直方向は登坂が困難であった。またナワバリ、共食い等の摩擦回避を考えなければいけないが、立方体であれば、移動経路が6方向に限られてしまう。

それに対し、切頂八面体は落下リスク、登坂困難なルートはなく、移動経路も6方向、時には12方向とバラエティーに富んでいる。この空間充塡がコオロギの巣に最適な形として発見された。

「編む」の可能性

　「折る」「詰む」に続いて、日常の遊びのなかで、面白い形を探求していく方法としてあげられるのが、「編む」ではないでしょうか。セーターやソックスを編んだり、編んでもらったりしたことのある人も少なくないでしょう。

　さて、この「編み」ですが、曲面の仕組みを把握するのにとてもよい特徴を持っています。編み目の数を変えながら編むと、糸の張力によって自然と形が丸まり、数理的な曲面がそこに現れるのです（図1）。この性質をうまく理解して使えば、目の数を増やしたり減らしたりすることで、ガウス曲率を変化させることができます[1] [2]。

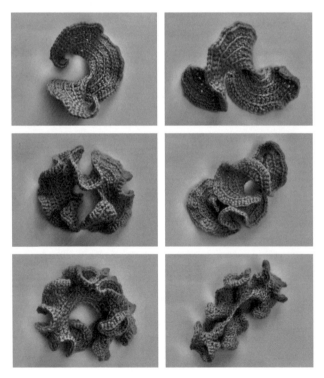

図1　目の数を増減しながら編んだ結果現れた、ガウス曲率が負の曲面。[2]にもとづいて作成

こうした、編み物の技法をコンピュータ上で計算し、張力から逆算して編んだ面を張り合わせて、コンクリートで固め、曲面体を作り出した例に、ザハ・ハディド・アーキテクツの「KnitCandela」があります（図2）。編み物の状態でコンパクトに畳まれてスーツケースでスイスからメキシコまで運ばれ、現地でコンクリートで固められたという点からも今後の発展可能性が感じられます。

図2　ザハ・ハディド・アーキテクツ「KnitCandela」2018年、メキシコ国立自治大学（UNAM）現代美術館

©Philippe Block（上）、Juan Pablo Allegre（下）

註

[1] 對馬尚「プラトー問題をかぎ針編みで解く」日本図学会、2015年。
[2] Daina Taimina, *Crocheting Adventures with Hyperbolic Planes,* AK Peters/CRC Press, 2009.

91頁に掲載した三次元ウサギを
バラバラのピースに分解したも
の。何度でも別の形状に組み立て
直すことができる

コンピュテーショナル・ファブリケーションを さらに学ぶために

かたちのデータファイル——デザインにおける発想の道具箱
高橋研究室 編、彰国社、1984年

「かたちの知識」はデザインの「引き出し」として、常にストックしてお くべきものだということを教えてくれる一冊。私も大学に入って最初にこ の教科書で学びました。
（田中）

建築のかたち百科——多角形から超曲面まで
宮崎興二 著、彰国社、2000年

学生だったときに、宮崎興二研究室で、この本の挿絵の一部を担当させても らいました。「かたち」の辞書・辞典・百科を作り続ける研究室でした。（田中） 建築学科に進学して自分で選んで買った最初の本です。ものすごく高い密 度でかたちの知識が埋め込まれた本で、いまでも見るたびに新しい知見が 得られます。
（舘）

幾何的な折りアルゴリズム——リンケージ、折り紙、多面体
エリック・D.ドメイン＆ジョセフ・オルーク 著、上原隆平 訳、近代科学社、2009年

MIT留学中にこの教科書の授業を取りました。黒板の板書と、「もの」だ けで進行する授業は圧巻です。こちらで、エリック・ドメイン先生の講義 ビデオが見られるようです（https://erikdemaine.org/classes/）。　（田中） エリック・ドメイン先生とはじめて会って共同研究を始めたころにこの本 が出ました。「計算折紙」の分野を切り開いた本です。
（舘）

Architectural Geometry
Helmut Pottmann, Andreas Asperl, Michael Hofer and Axel Kilian, Daril Bentley ed.
Bentley Institute Press, 2007

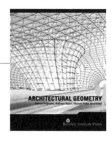

著者のポットマンらは古典的な曲面曲線の微分幾何学を拡張した離散微分 幾何学という学問を先導し、自由形状建築の形状決定へと応用していま す。この本では図法幾何学からCADモデリングまで、基本的な幾何学知 識がカバーされています。
（舘）

Connections : The Geometric Bridge Between Art and Science
Jay Kappraff, WSPC, 2001

タイトルの通り、アートと科学の橋渡しをする幾何学の話です。折紙、ボロノイ図、都市、力の
つり合いといったさまざまな対象の話がつながっていきます。　　　　　　　　　　　　（舘）

本格折り紙√2　前川 淳 著、日貿出版社、2009年

小学生のときに前川淳さんの折紙作品「悪魔」に出会い折紙にのめりこみました。悪魔が載って
いるのは第1巻の『本格折り紙』ですが、続編の『本格折り紙√2』は白銀比やマラルディの角
度など、作者が幾何学の面白さを作品に込めていることが特によくわかります。　　　（舘）

Crocheting Adventures with Hyperbolic Planes
Daina Taimina, A K Peters/CRC Press, 2009

かぎ針編みで編み目の数を調整すると自然にガウス曲率が負の曲面が作られていきま
す。生物に見られる成長の形との関係がとても美しく理解できます。　　　　　　　　（舘）

The New Mathematics of Architecture
Jane Burry and Mark Burry, Thames & Hudson, 2012

サグラダファミリアから現代建築まで、幾何学のアルゴリズムが建築に展開される実例が紹
介されています。巻末の用語集はアルゴリズミックデザインを学ぶ基礎となる項目がまとめ
てあります。　　　　　　　　　　　　　　　　　　　　　　　　　　　　　　　　（舘）

デザインの自然学──自然・芸術・建築におけるプロポーション 新・新版
ジョージ・ドーチ 著、多木浩二 訳、青土社、2014年

自然を観察することと、人工物を作ることとをつなげる「中間言語」として「幾何
学」をとらえる本。事例は古典的なものが多いですが、美しい図版を見ているだけ
でも、目が嬉しくなります。　　　　　　　　　　　　　　　　　　　　　　　（田中）

多面体百科　宮崎興二 著、丸善出版、2016年

創作活動の中で「新しい形」を発見したとき、この本で調べると、実際にはすでに知られている
形であることがわかる、ということがしばしばあります。新発見でなかったことに落胆しつつも、
同じことを思索した幾何学仲間がいることに勇気を持ちます。　　　　　　　　　　　（舘）

The Magic Mirror of M. C. Escher
Bruno Ernst, Taschen America, 2018

M.C.エッシャーからは最も強く影響を受けました。この本では、数学者との交流や習作・ス
ケッチなどから、エッシャーがどのようにして不可能図形、投影法、タイリングの仕組みを作
品に活かしていったかを解き明かしています。　　　　　　　　　　　　　　　　　　（舘）

Forms and Concepts for Lightweight Structures
Koryo Miura and Sergio Pellegrino, Cambridge University Press, 2020

三浦先生とペレグリーノ先生の集大成。宇宙構造物、軽量構造物、展開構造物の専門書です。新
規の構造物を生み出すうえで、形の発想が肝であることを思い知らせてくれます。　　（舘）

おわりに

　「数学は、紙とペンさえあれば、どこででもできる」。これは、私が学生のころ
から言われていたことでした。実際、数学専攻だった友人たちが、近くのカフェや、
川沿いのベンチで数学の勉強や研究をしている姿を、よく見かけました。私はとい
えば、コンピュータとネットワークが研究にどうしても必要でしたので、友人たち
を傍目に、自転車をこいで大学の研究室に通っていました（1990年代中盤の話で
す）。しかしいまでは、コンピュータもネットワークも、大学に行かなくたって、
どこででも使えます。デジタル仕事も、場所を問わなくなりました。いま、新型コ
ロナウイルスが広がり、学生も教員も自宅待機となり、大学の授業は原則オンライ
ンで実施されています。でも、そんなときだからこそ、自由な場所と時のなかで、
紙と鉛筆、そしてコンピュータを使って、勉強や研究をどうやって進めていけるか
を、改めて考えるチャンスなのだと思います。

●

　「とはいっても、手を動かして『もの』を作るのは、やはり研究室に行かないと
できないんじゃないの？」と思う方もいるかもしれません。たしかに半分はそうで
す。でも半分は、そうとも限りません。この本の共同執筆者の舘さんは、カフェで
打ち合わせをしている途中に、おもむろに紙を取り出して、折り始めるのです。そ
して、幾何学の法則を没頭して探求していきます。そして「どんな場所でも折紙は
できる」と断言します。

●

　この本の出発点は、2010年の冬に、雪の降るボストンのカフェで、舘さんと雑
談したときでした。いま、新しい図学の教科書が必要なんじゃないか？　みんなコ
ンピュータを使っているけれど、「思考の道具」としての幾何学は、むしろ失われ
てきているんじゃないか？　慶應義塾大学SFCでデザイン入門の科目を担当するよ
うになって5年がたち、切実にそう思ったのがきっかけです。すぐに意気投合した
のですが、その後の執筆過程は、慣れない私たちにとって、困難の連続でした。ま
ず、「教科書」としての全体コンセプトを練り上げるのに、本当に何年もの月日が
かかってしまいました。「折る」編を舘さん、「詰む」編を私が担当して草案を書き

始めることになりましたが、書き始めてみるとすぐに、それぞれの文章に個性があり、全体としては読みづらいことがわかりました。そこで、舘さんに「詰む」編にも全体にわたって大幅に手を入れていただき、流れも整序してもらいました。数学的な内容についても丁寧に再点検していただきました（他方「折る」編は完全に舘さんおひとりの手によるものです）。目次も順番も、何度も何度も変更されました。いまやっと、本を世に出せる段となり、気がついたら、本当に10年が過ぎてしまっていたのでした。

●

　壁にぶつかっていた時期もありましたが、その途中に二人の共通の友人であった野老朝雄さんが手がけた幾何学的なデザインが、東京2020オリンピック・パラリンピックのエンブレムに採用されるという嬉しいニュースがあり、強く励まされました。45枚の四角形で組み上げられた両エンブレムは、「定規とコンパス」でその原理が探索されたものです。その後、関心を持った人びとが、コンピュータを用いてその大量の派生形を生成したり、アニメーションを創作したりという、デジタルならではの展開へと発展しています。その「図的表現」の豊かさと美しさを、学術的に読み解くための知識の体系を整理したい、という追加の動機を得て、本書はようやく最終フェーズを走り切ることができました。

●

　言うまでもなく、「コンピュテーショナル・ファブリケーション」は、まだ始まったばかりです。ここからどれだけの可能性を生み出せるかは、これからの私たち次第なのだと思います。ぜひ、焦らずじっくりと、深く、楽しみながら、進んでいきましょう。そして、もし何かを感じたり、作り出せたら、ツイッターのハッシュタグ#compfabでつぶやいてみてください。幾何学によって人と人がつながり、新しい出会いをも生んでくれるかもしれません。

田中浩也

コンピュテーショナルデザイン、デジタルファブリケーションが盛り上がりつつあった2010年に、田中さんと、新しい世代に何を教えるべきなのかといった議論をしました。当時私は東京大学の教養学部において図形科学教育を担当し始めたころでした。Grasshopper、Processing、Arduino、3Dプリンタ、レーザーカッターといった、新しく登場したツールは、それぞれ単体で実現できることは特段新しいものではなく、20年前であってもそれぞれ適切な専門領域に発注すれば可能であったことです。しかし、こういうツールを自分の手を動かして横断的に使いこなせると、作る体験によって得られる知見が発想のきっかけとなり、その発想を別のツールで実現するなかで新しいアイディアが得られて、というポジティブな連鎖が生じ、思いもしなかった新しいアウトプットが得られるのです。この本は、そのようなポジティブな発想の連鎖を手助けすることを目指して作られました。

●

　発想の連鎖はしばしば寄り道・脱線を繰り返すことも意味します。限られた時間に教えなければならないことが決まっている従来の教育課程においては邪魔者扱いです。でも、私の学生時代を振り返ると、授業時間をオーバーしつつも先生がどうしても話したくなってしまう寄り道こそがとても印象深く、学問の有機的なつながりを感じるワクワクする部分でした。本書は形の問題を扱ううえで基本となる知識を整理しながらも、寄り道のきっかけが随所に用意してあります。もし琴線に触れる事柄を見つけたら、巻末にあげた参考文献などを参照して調べたり、ものを作ったりと、たっぷりと寄り道をしてもらいたいと思っています。

●

　近年になって、アクティブ・ラーニングが推奨され、新しい学びのかたちが大学でも試されているなかで、これまで考えてきたことを実践することにしました。2019年より、野老朝雄さんと集中講義「個と群」を一緒に受け持ち、東京大学教養学部の学生とアートと学問の協働を実践しました。野老さんが東京2020オリンピック・パラリンピックエンブレムの仕組みの種明かしをし、それを受けて学生が発想し作品を作り、その作品についてフィードバックをするということを繰り返して作品を作り上げていきます。参加者が掘り下げたことは、皆それぞれ違っていて、それを面白がりながらコメントをし始めると、私と野老さん、そしてゲストで参加

した北海道大学の堀山貴史さんや慶應義塾大学SFCの鳴川肇さんたちと、建築、プロダクトデザイン、多次元の空間の投影の話、数え上げの話、自然における形の話、多面体の展開図の充塡の話など、どんどん寄り道を繰り返し、結局午後いっぱいかかってしまうのです。さらに集中講義と並行して、東京大学と慶應義塾大学SFCの学生と合同で、本書の各節冒頭の演習に取り組むワークショップを開きました。「詰む」編「7 モジュールとジョイント」で紹介した「Playgon Kit」はこのワークショップの参加者の鈴木英佳さんと尾崎正和さんによる新しい発想です。

●

　作りながら考え、新しい発想を得る、そして寄り道がてら別の分野の学問と出会う、といったことを繰り返して継続すれば、諸分野の境界にある学問の最先端に必ずたどり着けます。このような前人未踏の学際領域では、枠組みや評価軸も用意されていません。「コンピュテーショナル・ファブリケーション」は生まれたばかりですから、学びの途中でもすぐに宇宙空間に放り出されたような感覚を覚えるかもしれません。そのようなときはぜひ、作ったものを一緒に面白がれる仲間、互いにリスペクトを持って協働できる仲間を見つけましょう。この本が実現したのも、田中さんとコーヒーを飲みながら、作ったものや考えたことをいろいろ見せ合ったことがきっかけでした。

舘 知宏

謝辞

　本書の完成にあたり、長きにわたってわれわれを励ましてくださった、彰国社の神中智子さん、美術家の野老朝雄さんに深く感謝いたします。また、京都大学名誉教授の宮崎興二先生に特別な感謝を表したいと思います。

2020年5月
田中浩也・舘 知宏

索引

索引

写真・図版クレジット

●写真クレジット
石川 初　9右
江口壮哉・矢崎友佳子・有田悠作・加藤 陸　152
　（図8）
オオニシタクヤ＋energy design program　161
小野富貴　162
金崎健治　142（図8）
キャステム京都LiQ　145下右
久保木仁美　152（図9）
慶應義塾大学SFC松川昌平研究室　143（図9）
慶應義塾大学SFC田中浩也研究室　157（図4）、
　158（図7）、160
櫻井智子　145上・下左
彰国社編集部　108上右、120、126
鈴木英佳　134
関島慶太　156、157（図5）
高盛竜馬　92、128、133、138（図3）
舘 知宏　17、18、40、43、54、55、68、79-82、84、
　85、108上左・下、115
田中浩也　106（図8）、143（図10）
東京書籍　138（図2）
中川敦玲　20、21、22、25、44、48、53、66、70、
　74、78、83、91、101、116、117、119（図6）、
　125、141、150、151、153、164、165
升森敦士　159（図9）
メトロクス　144
若杉亮介　119（図7）
Juan Pablo Allegre　163上
Philippe Block　163下
Erich Consemüller　9左
Charlie fong　104
F.A.T. Lab and Sy-Lab　139
François Lauginie　158（図8）
Ben Jenett and Kenneth Cheung, NASA　112（図3）
Merdal　100（図11）
Junhee Na（UMass Amherst）, Ryan Hayward
　（UMass Amherst）and Thomas Hull
　（Western New England University）　86

National Geographic　114
Chris K. Palmer　59（図12）
USGS　100（図10）
WASPphotos　158（図6）
Wyss Institute at Harvard University　87

●図版・モデル制作
浅野義弘　147-149
安達瑛翔　115
小野富貴　162
関島慶太　91、121、156、157（図5）
高盛竜馬　92-96、97（図6・7）、102、103、
　105（図6）、111、118、124、126-129、
　132（図2）、136
舘 知宏　表紙、19-82（特記のないもの）、
　85、87（図2）、88-89、97（図4・5）、
　98、99、105（図5）、106（図7）、107（図9）、
　112-113、116、122、123、132（図3）、
　141、151（図5・6）
田中浩也　142（図7）
谷道鼓太朗　120下
Riccardo Foschi　84

●編集協力
安達瑛翔
大河原さくら
尾崎正和
岸 拓人
木村 慧
鈴木英佳
須藤 海
對馬 尚
松本夕祈
田代直也
谷道鼓太朗
宮嶌祐生
矢崎友佳子

田中浩也（たなか・ひろや）

1975年、北海道生まれ。1998年、京都大学総合人間学部基礎科学科卒業。2000年、同大学大学院人間環境学研究科修了。2003年、東京大学大学院工学系研究科博士後期課程修了。博士（工学）。2005年、慶應義塾大学環境情報学部専任講師。2016年、慶應義塾大学環境情報学部教授。

舘 知宏（たち・ともひろ）

1982年、茨城県生まれ。2005年、東京大学工学部建築学科卒業。2007年、同大学大学院修士課程建築学専攻修了。2010年、同大学大学院工学系研究科博士課程修了。博士（工学）。東京大学大学院総合文化研究科助教を経て、2018年、東京大学大学院総合文化研究科准教授。

コンピュテーショナル・ファブリケーション　「折る」「詰む」のデザインとサイエンス
2020年6月30日　第1版　発　行

著作権者との協定により検印省略	著　者	田 中 浩 也 ・ 舘　知 宏
	発行者	下　出　雅　徳
	発行所	株式会社　彰　国　社

自然科学書協会会員
工学書協会会員

Printed in Japan

©田中浩也・舘　知宏　2020年

162-0067 東京都新宿区富久町8-21
電話　　　03-3359-3231（大代表）
振替口座　　　00160-2-173401

印刷：真興社　製本：誠幸堂

ISBN 978-4-395-32154-4 C3055　　　https://www.shokokusha.co.jp